IL GRANDE LIBRO DELLO SPAZIO PER PICCOLI ASTRONAUTI

101 fatti incredibili, curiosità e misteri dell'universo che ogni piccolo esploratore deve conoscere

Sheldon Ries

INTRODUZIONE

Benvenuti, giovani esploratori dell'universo, al vostro passaporto personale per un viaggio straordinario oltre le stelle! "101 FATTI CURIOSI SULLO SPAZIO: Segreti, Curiosità e Misteri dell'Universo Che Ogni Piccolo Astronauta Deve Conoscere", scritto dall'esperto navigatore cosmico Sheldon Ries, è una porta aperta verso le meraviglie infinite dello spazio, concepita appositamente per menti curiose come le vostre, pronte a solcare i cieli e scoprire i segreti più nascosti dell'universo.

In questo libro, viaggeremo dalla polverosa superficie di Marte alle danzanti luci delle aurore su Giove, dalla maestosa spirale della Galassia Sombrero alla misteriosa oscurità dei buchi neri. Imparerete come si formano le stelle, cosa rende unica la nostra Terra nel vasto cosmo, e vi stupirete di fronte alle tempeste vulcaniche sulla luna Io e ai fenomeni incredibili come le eruzioni solari.

Ogni capitolo è una finestra su un aspetto diverso dell'universo, spiegato in modo semplice ma affascinante, con illustrazioni vivide che daranno vita alle parole, permettendovi di vedere con i vostri occhi ciò che altrimenti resterebbe nascosto. "101 Meraviglie del Cosmo" è più di un libro: è un'avventura che vi porterà a interrogarvi, a sognare e, soprattutto, a comprendere quanto sia grandioso e misterioso l'universo che ci circonda.

Preparatevi a immergervi in storie di missioni spaziali eroiche, di scoperte accidentalmente fatte guardando attraverso un telescopio, e di teorie scientifiche che hanno cambiato il modo in cui guardiamo al cielo. Questo viaggio attraverso "101 Meraviglie del Cosmo" non solo amplierà la vostra conoscenza, ma accenderà anche quella scintilla di curiosità che è il vero motore di ogni esploratore dello spazio.

1. UN VIAGGIO TRA STELLE E PIANETI

Immagina di indossare una tuta spaziale super speciale e di salire a bordo di un'astronave ultra veloce, pronta a portarti in un viaggio incredibile tra stelle e pianeti. Sei pronto? Via, partiamo!

Mentre l'astronave decolla, lasciamo dietro di noi il nostro splendido pianeta Terra. Vedi come diventa piccolo? Come una biglia blu in mezzo all'immensità dello spazio. Ecco, stiamo già sorvolando la Luna, il nostro vicino di casa nello spazio, con tutti i suoi crateri e le sue pianure polverose. Salutiamola mentre passiamo!

Ora, teniamoci forte, perché l'astronave accelera verso il Sole, ma non preoccuparti, non ci avvicineremo troppo! Il Sole è una stella gigante che illumina e scalda tutti i pianeti del nostro sistema solare. Senza di lui, sarebbe sempre notte!

Il prossimo sulla lista è Mercurio, il pianeta più vicino al Sole. È piccolino e super caldo, non il posto migliore per una vacanza estiva. Poi c'è Venere, avvolto in nuvole spesse che nascondono segreti ancora da scoprire.

Ci dirigiamo ora verso Marte, il Pianeta Rosso. Hai mai sognato di camminare su Marte? È un mondo di montagne giganti e valli profonde, con un cielo sempre rosato.

Ma non finisce qui! La nostra avventura ci porta oltre, verso i giganti gassosi: Giove con le sue tempeste giganti, Saturno e i suoi splendidi anelli, Urano, che ruota sdraiato su un fianco, e Nettuno, così blu e così lontano.

Mentre torniamo indietro verso casa, ricorda: ogni stella che vedi nel cielo notturno è un sole lontano, e attorno ad alcune di queste stelle potrebbero orbitare pianeti che noi non abbiamo ancora scoperto. Questo viaggio tra stelle e pianeti è solo l'inizio. Chi sa quali altri incredibili segreti nasconde l'universo? Teniamo gli occhi aperti e la curiosità accesa, perché l'avventura nello spazio non finisce mai!

2. ESPLORAZIONI, GALASSIE E SEGRETI COSMICI

Ora che sei diventato un esperto viaggiatore dello spazio, è il momento di allacciare di nuovo la cintura perché ci aspetta un'avventura ancora più grande: siamo diretti verso le lontane galassie e i misteri che celano! Preparati a scoprire segreti che fanno brillare gli occhi di tutti gli astronauti in erba.

Mentre la nostra astronave super-speciale si lancia oltre i confini del nostro sistema solare, lasciamo dietro di noi pianeti e stelle familiari. Il vuoto dello spazio intorno a noi si riempie di innumerevoli puntini luminosi. Ogni punto è una galassia, un'enorme città di stelle, proprio come la nostra Via Lattea. Sì, hai capito bene! La nostra galassia è solo una tra miliardi nel vasto universo.

Immagina di volare vicino a una galassia a spirale. Vedi come le stelle formano un bellissimo disegno che ricorda una gigantesca ruota cosmica? E lì, in mezzo, c'è un buco nero supermassiccio che tiene tutto insieme con la sua incredibile forza di gravità. Ma non avvicinarti troppo! I buchi neri sono grandi aspirapolvere dello spazio che inghiottono tutto ciò che è troppo vicino.

Ora, spicchiamo il volo verso una galassia molto lontana, dove nuove stelle nascono in brillanti nebulose e vecchie stelle finiscono la loro vita in spettacolari esplosioni chiamate supernove. È come assistere a fuochi d'artificio cosmici!

Nel nostro viaggio, potremmo anche incrociare strani segnali provenienti da lontane stelle. Chissà, forse sono messaggi inviati da civiltà aliene? L'universo è pieno di segreti e storie incredibili che aspettano solo di essere scoperte.

Ricorda, ogni galassia ha i suoi misteri, dalle stelle neonate ai pianeti nascosti che potrebbero ospitare forme di vita mai viste prima. E tu, piccolo astronauta, sei solo all'inizio del tuo viaggio alla scoperta di questi segreti cosmici. Chi sa quali meraviglie ti aspettano tra le stelle?

3. COME FUNZIONA LA TUTA SPAZIALE

Hai presente quei supereroi che indossano un costume? Ma non un costume qualunque! Sto parlando di una tuta spaziale, l'equipaggiamento che trasforma una persona comune in un esploratore dell'universo! Ora, ti starai chiedendo: ma come funziona una tuta spaziale?

Bene, pensa alla tuta spaziale come a una piccola navicella spaziale personale, super aderente! Quando sei nello spazio, non c'è aria per respirare, fa molto freddo, e ci sono un sacco di raggi solari pericolosi. La tuta spaziale ti protegge da tutto questo. È come avere il tuo scudo magico personale!

All'interno della tuta, c'è un sistema speciale che ti mantiene caldo quando fa freddo e fresco quando fa caldo. E non solo! Ha anche serbatoi d'aria affinché tu possa respirare liberamente, proprio come se fossi sulla Terra. Immagina di avere il tuo mini parco giochi con tanto di aria fresca, tutto per te!

La tuta ha anche delle parti rigide e altre flessibili, che ti permettono di muoverti, lavorare e perfino fare dei saltelli sulla Luna! E hai visto quei guanti spaziali? Sono super tecnologici! Ti permettono di afferrare e manipolare oggetti, anche se sembrano un po' goffi.

E poi c'è il casco, il pezzo forte! Ti permette di vedere

tutto intorno a te, protegge i tuoi occhi dal sole brillante e ha persino delle luci per quando è buio. È come avere il tuo super-occhiale da supereroe!

Indossare una tuta spaziale è un po' come trasformarsi in un astronauta-supereroe. Ti protegge, ti aiuta a respirare, a vedere e a lavorare nello spazio, permettendoti di esplorare luoghi dove nessuno è mai stato. Che avventura, eh?

4. LA TERRA NON È PROPRIO SFERICA

Hai mai immaginato di tenere il mondo nelle tue mani, come se fosse una grande palla blu e verde? Bene, devo dirti un segreto: il nostro pianeta Terra non è esattamente una palla perfetta! È un po' più speciale di così.

Immagina di schiacciare leggermente una palla di plastilina tra le mani. La Terra è un po' come quella palla di plastilina, solo che è stata "schiacciata" da una forza invisibile chiamata gravità. A causa della sua rotazione, che è come una danza nello spazio, la Terra si gonfia un po' ai lati, proprio come quando cerchi di girare velocemente su te stesso e senti le tue braccia tirare verso l'esterno. Questo effetto fa sì che la nostra Terra abbia una forma chiamata "geoide", che significa "simile alla Terra".

Quindi, se potessi vedere la Terra dallo spazio, noteresti che assomiglia più a un melone schiacciato che a una palla perfetta. Ha un rigonfiamento intorno all'equatore, che è la linea immaginaria che divide il nostro pianeta in due metà.

Ecco perché, quando gli astronauti guardano il nostro pianeta dallo spazio, vedono qualcosa di unico e meraviglioso: la vera forma della Terra, con tutti i suoi mari, montagne, foreste e deserti, ma un po' più panciuta al centro!

Pensare alla Terra in questo modo ci aiuta a ricordare quanto sia speciale il nostro pianeta. Non è solo un posto dove viviamo, ma una meraviglia dell'universo, con una forma tutta sua che ci protegge e ci sostiene ogni giorno. Quindi, la prossima volta che guardi il cielo, ricorda che vivi su una palla cosmica unica, perfettamente adatta per avventure incredibili!

5. MA CHE COS'È LO SPAZIO?

Hai mai alzato gli occhi al cielo di notte, vedendo tutte quelle stelle luccicare come diamanti su un manto nero e chiedendoti: "Ma che cos'è davvero lo spazio?" Bene, preparati a un viaggio fantastico per scoprire questo misterioso infinito!

Pensa allo spazio come a un grande, grandissimo campo da gioco, il più vasto che tu possa mai immaginare, dove al posto dell'erba ci sono le stelle, i pianeti, le comete e le galassie. E non finisce qui: ci sono anche buchi neri che assorbono tutto come giganteschi aspirapolvere cosmici, nebulose che sono come nuvole di colori brillanti dove nascono le stelle, e asteroidi che schizzano qua e là come se fossero in ritardo per una festa nello spazio!

Ma lo spazio non è solo "roba lì fuori". È anche il luogo tra te e tutto ciò che ti circonda. Sì, proprio così! Anche l'aria che riempie la stanza dove sei adesso è parte dello spazio, ma quando parliamo dell'Universo, ci riferiamo a quello spazio grandissimo e soprattutto vuoto, oltre l'atmosfera terrestre.

E sai una cosa divertente? Anche se sembra che nello spazio ci sia un silenzio assoluto, in realtà è pieno di storie e avventure. Ogni stella ha la sua storia, ogni galassia nasconde segreti, e ogni pianeta potrebbe essere un nuovo mondo da esplorare.

La prossima volta che guarderai il cielo stellato, pensa a tutte le meraviglie nascoste nello spazio. È come una biblioteca gigantesca di avventure che aspettano solo di essere scoperte. Chi sa, forse un giorno potresti diventare tu un esploratore dello spazio, pronto a scoprire nuovi mondi e a raccontare nuove storie. L'universo è lì fuori, vasto e meraviglioso, e non vede l'ora che tu vada a scoprirlo!

6. COME FAREMMO SE NON CI FOSSE LA LUNA?

Hai mai guardato la Luna brillare nel cielo notturno e ti sei chiesto cosa ci faremmo senza di lei? Potrebbe sorprenderti, ma senza la Luna, la vita sulla Terra sarebbe molto, ma molto diversa!

Immagina la Luna come la migliore amica della Terra. Non solo ci regala una luce soffusa di notte, ma gioca anche un ruolo super importante per tutti noi qui sulla Terra. Come? Beh, per cominciare, la

Luna aiuta a mantenere il nostro pianeta "stabile". Senza di lei, la Terra potrebbe dondolare molto di più su se stessa, e questo significherebbe cambiamenti enormi nel clima, tanto che un giorno potresti svegliarti con il sole dove di solito c'è la neve!

Inoltre, la nostra amica Luna ha un grande impatto sulle maree. Hai mai costruito un castello di sabbia sulla spiaggia per poi vederlo sparire quando arriva l'onda? Ebbene, la Luna è quella che tira su e giù l'acqua del mare con una forza invisibile chiamata "gravità". Questo movimento delle maree aiuta a mescolare le acque degli oceani, spostando calore, nutrienti e piccoli organismi viventi, il che è super importante per la vita marina.

Ma c'è di più! La presenza della Luna influisce anche sui ritmi della natura e su molti animali. Alcuni usano la luce della Luna per orientarsi o decidere quando è il momento di migrare o di riprodursi.

Quindi, puoi immaginare che senza la Luna, il nostro mondo sarebbe un posto molto diverso. Potremmo non avere le stagioni come le conosciamo, le notti sarebbero più scure, e i nostri amici animali potrebbero essere un po' confusi.

Quando guardi la Luna nel cielo, dai un piccolo saluto di ringraziamento per tutto quello che fa per noi. È davvero un satellite naturale fantastico che rende la vita sulla Terra possibile e speciale!

7. COME VA IN BAGNO UN'ASTRONAUTA?

Come fa un astronauta ad andare al bagno nello spazio? Sembra una domanda strana, vero? Ma è super importante! Nello spazio, tutto funziona diversamente, anche... andare al bagno!

Prima di tutto, ricordati che nello spazio non c'è su e giù come sulla Terra, perché manca la gravità. Quindi, immagina di provare a usare il bagno mentre sei sospeso in aria, fluttuando! Sembra divertente, ma anche un po' complicato, vero?

Gli astronauti usano dei bagni speciali chiamati "toilette spaziali". Queste toilette super tecnologiche usano l'aria per "tirare giù" tutto, proprio come l'acqua fa sulla Terra. Quindi, invece di acqua che scorre, c'è un flusso d'aria che assicura che tutto vada nel posto giusto.

Per fare pipì, gli astronauti usano un tubo flessibile con un adattatore che funziona un po' come un aspirapolvere. Gli astronauti scelgono l'adattatore giusto (ce n'è uno per i ragazzi e uno per le ragazze), e il tubo aspira tutto, così che niente fluttua via!

E per la numero due? C'è un sedile speciale con delle cinghie per tenere tutto fermo e sicuro. Anche qui, un flusso d'aria aiuta a portare via tutto in un contenitore chiuso ermeticamente, dove rimane fino a quando gli astronauti tornano sulla Terra.

Ah, e una curiosità extra: gli astronauti usano carta igienica proprio come noi qui sulla Terra, ma devono fare attenzione a metterla nel posto giusto per non farla fluttuare per la cabina!

Ricordati che anche gli astronauti, con tutte le loro avventure spaziali, devono fare i conti con le cose quotidiane... solo che in un modo un po' più spaziale!

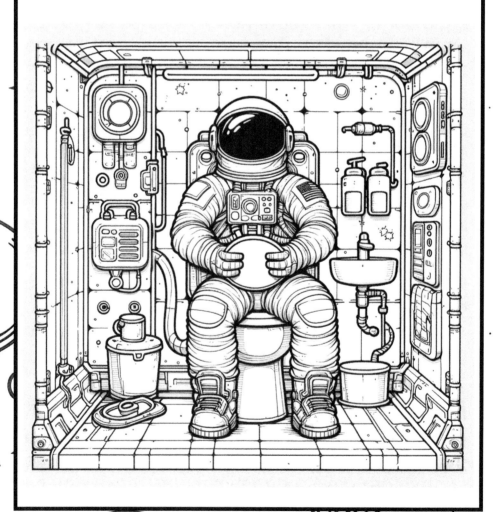

8. MA QUANTE STELLE CI SONO NELL'UNIVERSO?

Hai mai provato a contare tutte le stelle in una notte stellata? Forse sei arrivato fino a dieci, cento o anche mille prima di dire: "Wow, ce ne sono davvero troppe!" Bene, preparati, perché il numero di stelle nell'universo è molto, ma molto più grande di quanto tu possa immaginare!

Pensa all'universo come a una gigantesca torta di compleanno, e ogni stella è una candela su di essa. Solo che questa torta è così grande che se provassimo a soffiare tutte le candele, ci vorrebbero più di mille, milioni, miliardi di anni! E anche di più!

Gli scienziati dicono che ci sono circa 100 miliardi di galassie nell'universo. E indovina un po'? Ogni galassia ha miliardi di stelle. Quindi, se moltiplichiamo tutte le galassie per tutte le stelle che contengono, otteniamo un numero così grande che quasi non ci sta nella testa! Indicativamente ci sono CENTOMILA MILIARDI DI MILIARDI DI STELLE nell'universo! Alcuni dicono che ci sono più stelle nell'universo di quanti siano i granelli di sabbia su tutte le spiagge della Terra. Puoi immaginarlo? È come un mare infinito di luci scintillanti!

Ma non finisce qui. L'universo è così grande e sempre in espansione, il che significa che ci sono sempre più stelle che nascono. Ogni volta che una nuvola di gas e polvere nello spazio si unisce abbastanza stretta, può iniziare a brillare e diventare una nuova stella. È un po' come quando fai un mucchietto di foglie in autunno e poi salta dentro: c'è sempre spazio per una foglia in più!

Ogni stella potrebbe essere il sole di qualcun altro, forse con pianeti e mondi tutti da scoprire. L'universo è davvero un posto incredibile, pieno di meraviglie e segreti che aspettano solo di essere scoperti!

9. IL PIANETA DOVE PIOVE FERRO FUSO

Immagina un mondo così straordinariamente bizzarro dove, invece di gocce d'acqua, dal cielo cadono gocce di ferro fuso! Sì, hai capito bene: un pianeta dove piove ferro! Questo posto fantastico esiste davvero nell'universo ed è uno dei tanti esopianeti, pianeti che orbitano intorno a stelle lontane dalla nostra.

Questo pianeta si chiama WASP-76b ed è molto, molto lontano da noi, in una galassia non così vicina. Pensaci un attimo: qui sulla Terra, quando piove, corriamo a metterci al riparo e ascoltiamo il piacevole suono della pioggia che batte sui tetti. Ma su WASP-76b, le "gocce" sono fatte di ferro bollente. Niente ombrelli di plastica o di tela potrebbero proteggerti da una pioggia del genere; servirebbe un ombrello fatto di uno speciale materiale super-resistente al calore!

WASP-76b è così vicino alla sua stella che un lato del pianeta è sempre di giorno, sempre bollente, con temperature così alte da far evaporare i metalli, proprio come l'acqua si evapora qui sulla Terra quando fa molto caldo. E quando i venti soffiano quel vapore metallico verso il lato notturno più freddo del pianeta, il metallo si condensa e cade come pioggia di ferro fuso. Immagina il suono di quella pioggia!

Questo pianeta ci mostra quanto possa essere incredibilmente vario e sorprendente l'universo. Ci ricorda che, anche se sulla Terra abbiamo tempeste di neve, piogge torrenziali e qualche volta grandine, da qualche parte nell'universo c'è un posto con una meteo ancora più straordinaria, dove le tempeste portano pioggia di ferro.

Quindi, la prossima volta che ti trovi sotto una pioggia leggera qui sulla Terra, pensa a quanto sia tranquillo e accogliente il nostro pianeta, e immagina le incredibili e selvagge tempeste che accadono in altri mondi lontani, come la pioggia di ferro fuso su WASP-76b!

10. COME SI FORMA UNA STELLA?

Hai mai guardato il cielo notturno, ammirando tutte quelle scintillanti stelline e chiedendoti come nascono? È una storia affascinante che inizia in un posto molto, molto lontano, dentro enormi nuvole di gas e polvere chiamate nebulose. Queste nebulose sono come le ostetriche delle stelle!

Immagina una nuvola gigante, più grande di qualsiasi cosa tu possa immaginare, fluttuante nello spazio. Non è una nuvola qualunque, ma una piena di ingredienti speciali come idrogeno e polvere cosmica. Questi ingredienti sono essenziali per cucinare una nuova stella!

Ora, dentro questa nuvola, succede qualcosa di magico. A volte, per un motivo o per un altro, come l'esplosione di una stella vicina o la forza di gravità di qualcos'altro di grande che passa vicino, la nuvola inizia a stringersi in certi punti. È un po' come quando prendi un mucchio di cotone e inizi a premerlo tra le mani formando una pallina.

Man mano che questa nuvola si comprime, il centro diventa caldo, davvero caldo, perché tutte le particelle iniziano a muoversi velocemente e a sbattere l'una contro l'altra. Questo calore fa sì che il cuore della nuvola brilli. È un po' come quando strofini le mani velocemente e senti che si scaldano, solo che è mille volte più caldo!

Quando il centro raggiunge una temperatura incredibilmente alta, succede qualcosa di straordinario: le particelle di idrogeno si fondono insieme in un processo chiamato fusione nucleare, creando una nuova sostanza e rilasciando un'enorme quantità di energia. Questa energia è la luce e il calore della stella.

E così, in mezzo al buio dello spazio, nasce una nuova stella, pronta a brillare e a unirsi al coro celeste che noi vediamo come scintillanti puntini di luce nel cielo notturno. Ogni stella che vedi ha iniziato il suo viaggio in questo modo magico, nascendo da una nuvola di gas e polvere in una lontana nebulosa. Che storia fantastica, vero?

11. LA VERA STORIA DELLA NOSTRA LUNA

Ti capita di guardare la Luna e chiederti da dove viene e come è arrivata lì, a brillare così bella nel cielo notturno? Bene, la storia della nostra Luna è davvero affascinante, come una fiaba cosmica piena di avventure e misteri!

Moltissimo tempo fa, quando la Terra era solo una giovane pianeta, successe qualcosa di incredibile. Immagina due gigantesche palle cosmiche che danzano nello spazio. Una di queste era la nostra Terra, ancora nei suoi primi giorni di vita. L'altra era un altro corpo celeste, un po' più piccolo, che gli scienziati hanno chiamato Theia.

Un giorno, mentre vagavano nello spazio, la Terra e Theia si sono avvicinate un po' troppo l'una all'altra. E poi, BAM! Si sono scontrate in un enorme impatto cosmico. Questo scontro non è stato una catastrofe, ma l'inizio di qualcosa di meraviglioso.

Dall'impatto, un'enorme quantità di roccia e detriti vennero lanciati nello spazio intorno alla Terra. Immagina un fuoco d'artificio di roccia e polvere che illumina lo spazio! Con il passare del tempo, questi detriti, come se fossero attratti da una forza magica, iniziarono a unirsi, ballando insieme in un vortice silenzioso.

Piano piano, come pezzi di un puzzle cosmico, si unirono per formare un nuovo corpo celeste. E così, dalla danza di queste rocce spaziali, nacque la nostra Luna, splendente e bella, come la conosciamo oggi.

Da allora, la Luna ha seguito la Terra nel suo viaggio intorno al Sole, come una fedele compagna di avventure. Ogni notte, ci saluta dal cielo, raccontandoci con la sua luce la vera storia delle sue origini, un ricordo dell'incredibile ballo cosmico che ha portato alla sua nascita. Ecco, questa è la vera storia della nostra Luna, un racconto di collisioni cosmiche e unioni stellari che ha dato vita al nostro splendido satellite naturale!

12. LE VELOCITÁ NEL NOSTRO SISTEMA SOLARE

Immagina di essere su una super astronave che viaggia a velocità mozzafiato attraverso il nostro sistema solare. È affascinante pensare a quanto velocemente ci muoviamo, anche se non ce ne accorgiamo!

Iniziamo con la Terra, il nostro pianeta. La Terra gira su se stessa, facendoci vivere il giorno e la notte. Ogni giorno, compie un giro completo. Ma ti sei mai chiesto a che velocità? La Terra ruota a circa 1.670 chilometri all'ora all'equatore! È come viaggiare da una grande città all'altra in meno di un'ora, senza nemmeno accorgersene!

Ma la Terra non gira solo su se stessa; viaggia anche intorno al Sole. E qui le cose diventano ancora più veloci. La Terra si muove sulla sua orbita intorno al Sole a una velocità di circa 107.000 chilometri all'ora. Sì, hai capito bene! In un'ora, viaggiamo nello spazio più di quanto la maggior parte delle persone viaggi in un anno intero sulla Terra.

E non è finita qui. Il nostro intero sistema solare, incluso il Sole e tutti i pianeti che lo circondano, sta viaggiando nello spazio anche lui. Si muove all'interno della nostra galassia, la Via Lattea, a una velocità sbalorditiva di circa 828.000 chilometri all'ora. È come fare il giro del mondo in meno di 2 ore!

Infine, anche la nostra galassia, la Via Lattea, non sta ferma. Si muove nello spazio a circa 2.1 milioni di chilometri all'ora. È una velocità così incredibile che è difficile anche solo immaginarla.

La prossima volta che ti sentirai fermo, ricorda: stai viaggiando attraverso lo spazio a velocità incredibili, su un pianeta che gira, in un sistema solare che si muove, all'interno di una galassia che corre nello spazio infinito. È un'avventura cosmica che fa di ogni giorno e di ogni notte un viaggio straordinario!

13. COSA MANGIA UN'ASTRONAUTA IN ORBITA

Se tu fossi in orbita e ti venisse fame? È ora di pranzo, ma non ci sono frigoriferi né supermercati nello spazio. Allora, che cosa mangia un astronauta lassù, tra le stelle? Preparati a scoprire il menu più galattico che ci sia!

Gli astronauti mangiano cibi speciali che devono essere leggeri, nutrienti e facili da conservare. Niente pizza consegnata a domicilio nello spazio, mi dispiace! Invece, hanno cibi disidratati, che significa che tutta l'acqua è stata tolta per renderli super leggeri. Prima di mangiarli, gli astronauti aggiungono un po' d'acqua, e voilà, il cibo torna quasi come nuovo. Immagina di aggiungere acqua a una zuppa magica che si trasforma in un piatto delizioso!

Hanno anche cibi termo-stabilizzati, che sono cotti e sigillati ermeticamente in pacchetti speciali così possono durare a lungo. Questo potrebbe essere qualcosa come pollo al curry o spaghetti alla bolognese, tutti pronti per essere gustati semplicemente scaldandoli un po'.

E per lo spuntino? Ci sono barrette energetiche, frutta secca e persino gelato liofilizzato! Sì, hai sentito bene, gelato nello spazio. Ma non è il gelato morbido e cremoso a cui sei abituato. È asciutto e croccante fino a quando non si scioglie in bocca.

Gli astronauti bevono anche in modo diverso. Niente bicchieri o bottiglie aperte, altrimenti l'acqua fluttuerebbe ovunque! Invece, usano sacchetti speciali con cannucce, così possono sorbire i loro drink senza farli galleggiare per la cabina.

Anche se gli astronauti non possono avere una grigliata sotto le stelle o un picnic al parco, si divertono con il loro menu speciale che li aiuta a stare bene e forti mentre esplorano lo spazio. La prossima volta che mangi il tuo snack preferito, pensa a come sarebbe mangiarlo in orbita, fluttuando tra le stelle!

14. IL BIG BANG: L'INIZIO DI TUTTO

Entri nella tua macchina del tempo super speciale che può viaggiare indietro, molto, molto indietro nel tempo, fino all'inizio di tutto. Cosa vedresti? Tutto intorno a te sarebbe buio, silenzioso, e poi... BAM! Una luce brillante, un suono incredibile, e l'universo comincia la sua avventura. Questo momento spettacolare è quello che gli scienziati chiamano il Big Bang!

Ma cosa significa esattamente? Beh, non è stata una grande esplosione come i fuochi d'artificio che vedi il giorno di festa, ma l'inizio di tutto ciò che conosciamo: stelle, pianeti, galassie, e perfino il tempo e lo spazio stesso. Prima del Big Bang, non c'era nulla. Poi, circa 13,8 miliardi di anni fa, tutto ha avuto inizio da un puntino più piccolo di un granello di sabbia, che era super caldo e denso.

In un istante, questo puntino ha cominciato a espandersi. E non solo un pochino, ma a una velocità incredibile, creando spazio mentre si muoveva. E mentre si espandeva, si raffreddava, permettendo a tutte le particelle di formarsi e iniziare a ballare insieme in modi che hanno creato gli atomi, le stelle, e alla fine... noi!

È difficile immaginare qualcosa di così piccolo che diventa così grande, ma è proprio così che è nato l'universo in cui viviamo. Il Big Bang è come il primo capitolo di una storia lunga e meravigliosa che parla di come dal nulla sia nato tutto.

Ora, ogni volta che guardi il cielo notturno pieno di stelle, ricorda che tutto è iniziato con un grande "bang" e da lì, è nata la magia dell'universo. E pensare che siamo tutti parte di questa incredibile storia cosmica!

15. LE STELLE PIÙ GRANDI CONOSCIUTE

Nel nostro incredibile universo, pieno di stelle di tutte le forme e dimensioni, ci sono alcune stelle così grandi che fanno sembrare il nostro Sole una piccola palla da ping pong! Immagina di avere un palloncino gigante che è mille volte più grande del tuo giardino. Alcune delle stelle più grandi conosciute sono proprio così: gigantesche!

Una di queste stelle giganti si chiama UY Scuti. È una delle stelle più grandi che conosciamo. Se mettessimo UY Scuti al centro del nostro sistema solare, si estenderebbe oltre l'orbita di Giove. Pensa un po'! Il nostro Sole, rispetto a UY Scuti, è come un chicco di sabbia accanto a una gigantesca palla da spiaggia. UY Scuti è così grande che se il Sole fosse una moneta, UY Scuti sarebbe grande come una casa!

Un'altra stella gigantesca è VY Canis Majoris. Anche questa stella è immensamente grande. Se fosse al posto del nostro Sole, la sua superficie raggiungerebbe quasi l'orbita di Saturno. Immagina di viaggiare in aereo sopra questa stella: ci vorrebbero decenni solo per andare da un lato all'altro!

Ma come facciamo a confrontare queste stelle giganti con il nostro Sole? Bene, il nostro Sole è una stella media, non troppo grande e non troppo piccola. Quando parliamo di "masse solari", usiamo il Sole come misura di quanto pesa una stella. UY Scuti e VY Canis Majoris sono così grandi che contengono molte più masse solari del nostro Sole, ma sono anche meno dense, il che significa che se potessi fare un bagno al loro interno, galleggeresti facilmente.

Ogni piccola luce che vedi potrebbe essere una stella gigante, molto più grande del nostro Sole. L'universo è pieno di meraviglie, e queste stelle giganti sono solo alcune delle cose incredibili che ci aspettano di scoprire nello spazio infinito!

16. LA MONTAGNA PIÙ ALTA DEL NOSTRO SISTEMA SOLARE

Hai mai sognato di scalare la montagna più alta della Terra, l'Everest? È davvero alta, vero? Ma c'è una montagna ancora più alta, non qui sulla Terra, ma su un altro pianeta del nostro sistema solare. Questa montagna super speciale si chiama Olympus Mons e si trova su Marte, il Pianeta Rosso.

Immagina di indossare un paio di super scarponi da montagna spaziali e di partire per una avventura su Marte. Olympus Mons non è solo un po' più alta dell'Everest, è molto, molto più alta! Se l'Everest è alto circa 8,8 chilometri, Olympus Mons raggiunge i 22 chilometri di altezza. È come se mettessi tre Everest uno sopra l'altro!

Ma non è solo l'altezza a rendere Olympus Mons incredibile. La base di questa montagna è grande quasi quanto tutto lo stato dell'Arizona. Puoi immaginare? Una montagna così grande che ci potresti mettere uno stato intero sulla sua base!

E sai cosa c'è di ancora più fantastico? Olympus Mons è così alta perché la gravità su Marte è più debole che sulla Terra, il che significa che le montagne possono crescere molto più senza essere schiacciate dal loro stesso peso. E se tu potessi saltare su Marte, saresti in grado di fare salti super alti, proprio come un supereroe, grazie alla gravità più bassa.

Quando vedi Marte brillare come una piccola stella rossa, pensa a Olympus Mons, la montagna più alta del nostro sistema solare. Chissà, forse un giorno, con una tuta spaziale e quei super scarponi da montagna spaziali, potresti andare a vedere com'è lassù, sulla vetta più alta che si possa mai conquistare!

17. LA VELOCITÀ DELLA LUCE

Hai mai acceso una torcia in una stanza buia e visto come la luce si muove istantaneamente? Bene, quella luce viaggia davvero, davvero veloce. Ma quanto veloce, ti chiederai? Siediti, perché stiamo per fare un viaggio alla scoperta della velocità della luce, e te lo prometto, sarà un'avventura luminosa!

Immagina di essere un supereroe della luce, capace di correre tanto veloce quanto la luce stessa. Se potessi correre a questa incredibile velocità, viaggeresti intorno alla Terra più di 7 volte in un solo secondo. Sì, hai capito bene, in un secondo! La velocità della luce è di circa 300.000 chilometri al secondo. Questo numero è così grande che è difficile immaginare quanto velocemente sia.

Per darti un'idea, se potessi viaggiare alla velocità della luce, potresti andare dalla Terra alla Luna in meno di un secondo. Nella vita reale, ai razzi ci vogliono giorni per fare lo stesso viaggio!

Ma perché la luce viaggia così veloce? Ebbene, la luce non ha massa, il che significa che non pesa nulla, quindi può muoversi alla sua incredibile velocità attraverso lo spazio. È come se avesse il superpotere di essere veloce perché non deve portare con sé nessun peso.

La velocità della luce è importante anche per

gli scienziati perché ci aiuta a capire quanto sia grande l'universo. Quando guardiamo le stelle di notte, stiamo vedendo la luce che ha viaggiato per anni e anni luce per raggiungerci, il che significa che stiamo guardando indietro nel tempo.

La prossima volta che accendi una torcia o vedi i raggi del sole che filtrano attraverso le nuvole, ricorda che quella luce sta viaggiando a una velocità che fa di te il più lento dei bradipi in confronto. Non è affascinante pensare di avere un superpotere così incredibile proprio sotto il nostro naso, o meglio, davanti ai nostri occhi?

18. IL PIANETA DIAMANTE

Hai mai sognato di visitare un mondo fatto interamente di diamanti? In un lontano angolo del nostro universo, c'è un pianeta così straordinario che sembra uscito da una fiaba. Questo pianeta è talmente speciale che gli scienziati lo hanno soprannominato il "Pianeta Diamante". Il suo nome però è 55 CANCRI-E

Immagina di indossare le tue scarpe da esploratore spaziale e di partire per un viaggio verso questo luogo scintillante. Il Pianeta Diamante non è come la Terra, con i suoi oceani, montagne e foreste. Invece, è un gigante roccioso che brilla e luccica perché è ricoperto di diamanti!

Ma come è possibile, ti chiederai? Bene, questo pianeta ha una storia molto particolare. Miliardi di anni fa, era un po' come la Terra, ma con una grande differenza: aveva un sacco di carbonio, lo stesso materiale che, sotto alta pressione, forma i diamanti qui sulla Terra. Nel corso del tempo, le altissime pressioni e le temperature incredibili all'interno di questo pianeta hanno trasformato il carbonio in diamanti splendenti. Quindi, invece di rocce e terra, immagina montagne e valli fatte interamente di diamante puro.

Questo pianeta si trova molto lontano, orbitando attorno a una stella in un'altra parte della nostra galassia. È così lontano che, per il momento, possiamo solo sognare di visitarlo. Ma pensa solo a quanto sarebbe incredibile poter vedere con i propri occhi un mondo che brilla come il tesoro più prezioso.

Ora, ogni volta che guardi un diamante, ricorda che da qualche parte, nell'immensità dello spazio, c'è un intero pianeta che potrebbe essere fatto dello stesso scintillante materiale. Il Pianeta Diamante ci ricorda quanto sia vasto e sorprendente l'universo, pieno di meraviglie che aspettano solo di essere scoperte.

19. GLI STRAMBI
PIANETI EXTRASOLARI

Esplorare mondi lontani, pianeti che non fanno parte del nostro Sistema Solare.. questi mondi lontani si chiamano pianeti extrasolari, o esopianeti, e alcuni di loro sono davvero strani e meravigliosi, quasi come usciti da un libro di avventure spaziali!

Primo stop nel nostro viaggio cosmico è un pianeta chiamato HD 189733b. Immagina un mondo dove piove vetro! Sì, hai capito bene. Questo pianeta ha venti così forti che il vetro si forma nelle nuvole e poi "piove" lateralmente a velocità supersoniche. Ci sarebbe sicuramente bisogno di un super ombrello là!

Poi, c'è KELT9-B, che è così vicino alla sua stella che la sua superficie è più calda di molte stelle, con temperature che possono raggiungere i 2.700 gradi Celsius. È praticamente un pianeta lava, dove il terreno è fuso e luccica di una luce rossa e arancione. Un vero e proprio barbecue cosmico!

E che ne dici di un viaggio verso J1407b? Questo pianeta ha un sistema di anelli così grande che, se fosse nel nostro Sistema Solare, gli anelli si estenderebbero quasi fino al Sole. È come Saturno, ma con un accessorio alla moda molto, molto più grande!

Infine, esploriamo GJ 1214b, un pianeta coperto da acqua profonda e densa, ma non è come l'oceano sulla Terra. Questa acqua è così calda e sotto così tanta pressione che si trasforma in uno stato strano chiamato "acqua supercritica", che è né un liquido né un gas. Un oceano misterioso che nasconde chissà quali segreti.

Questi esopianeti sono solo alcuni degli straordinari mondi che gli scienziati hanno scoperto nell'universo. Ogni pianeta extrasolare è un'opportunità per immaginare nuove avventure spaziali, ricordandoci quanto sia vasto e pieno di sorprese l'universo. Chi sa quali altri incredibili pianeti aspettano di essere scoperti?

20. LA MORTE DI UNA STELLA

Cosa succede a una stella quando finisce il suo viaggio? La storia della vita di una stella è davvero affascinante, ma lo è altrettanto la storia della sua "morte". E non preoccuparti, non è triste come sembra, ma piuttosto un incredibile spettacolo cosmico!

Le stelle, proprio come noi, hanno un ciclo di vita. Nascono, vivono brillando e infine, quando è il loro momento, "muoiono". Ma anziché semplicemente spegnersi, alcune stelle finiscono la loro vita con un grande botto chiamato supernova. Immagina una stella che diventa miliardi di volte più luminosa in pochi giorni, illuminando tutto lo spazio intorno a lei con un bagliore che può superare quello di un'intera galassia!

Dopo una supernova, quello che resta della stella può prendere due strade. Se la stella era davvero enorme, potrebbe trasformarsi in un buco nero, un punto nello spazio con una forza di gravità così forte che nulla, neanche la luce, può sfuggirgli. È come se la stella diventasse un mago che scompare in un cappello magico, lasciando dietro di sé solo il mistero.

Se invece la stella era un po' meno massiccia, potrebbe diventare una stella di neutroni, un oggetto incredibilmente denso che potrebbe pesare quanto il Sole, ma essere grande solo quanto una città. Immagina di comprimere tutta la massa di un gigante in un piccolissimo spazio!

E per le stelle simili al nostro Sole? Alla fine della loro vita, si trasformano in nebulose planetarie, soffiando via i loro strati esterni e lasciando dietro di sé un bellissimo anello di gas e polvere che brilla di mille colori. È come se la stella, prima di dire addio, decidesse di lasciare un ultimo, magnifico dipinto nello spazio.

Anche se le stelle alla fine "muoiono", lo fanno in modo talmente spettacolare che continuano a stupirci e a illuminare l'universo, ricordandoci che anche nella fine c'è bellezza e inizio di nuove storie cosmiche.

21. IL DESTINO DEL NOSTRO SOLE

Hai mai pensato a cosa succederà al nostro Sole tra miliardi di anni? Non preoccuparti, c'è ancora tantissimo tempo prima che succeda qualcosa di significativo, ma il destino del nostro Sole è davvero affascinante!

Il nostro Sole è come una gigantesca palla di gas che brilla e riscalda il nostro pianeta ogni giorno. Ma, proprio come ogni stella nell'universo, anche il Sole ha un ciclo di vita. Attualmente è nella fase di "mezza età", quindi è abbastanza stabile. Ma cosa succederà quando invecchierà?

Tra circa 5 miliardi di anni, il Sole inizierà a cambiare. Esaurirà il suo "combustibile", che è principalmente idrogeno, e inizierà a usare l'elio, cambiando il suo aspetto e le sue dimensioni. Si gonfierà fino a diventare una gigante rossa, così grande che potrebbe inghiottire i pianeti più vicini, inclusa la Terra. Ma non preoccuparti, è solo un "forse", e comunque è un evento che avverrà tra tantissimo tempo!

Dopo essere diventato una gigante rossa, il nostro Sole getterà via i suoi strati esterni, creando una bellissima nebulosa planetaria. Questo lascerà dietro di sé il nucleo del Sole, che diventerà una stella di neutroni, una piccola stella super densa che brillerà debolmente per miliardi di anni.

Anche se il pensiero che il nostro Sole possa cambiare così tanto può sembrare un po' triste, ricorda che fa parte del meraviglioso ciclo di vita delle stelle nell'universo. E, per il momento, il Sole continua a brillare forte, dandoci luce e calore ogni giorno. Quindi, la prossima volta che senti il calore del sole sulla tua pelle, pensa a quanto sia speciale e a tutto il tempo che abbiamo ancora da trascorrere insieme al nostro brillante amico nel cielo!

22. VENERE COME LA TERRA

Se guardi il cielo notturno e vedi un pianeta brillare forte, quasi come se fosse una stella, quel pianeta potrebbe essere Venere, il nostro vicino cosmico. Ora, ti sorprenderà sapere che un tempo, molto, molto tempo fa, Venere era molto simile alla Terra!

Immagina un mondo con oceani blu, nuvole nel cielo e forse persino alcune forme di vita che iniziano a fare capolino. Questo potrebbe essere stato Venere miliardi di anni fa. Venere e la Terra sono spesso chiamati "pianeti gemelli" perché sono simili in dimensioni e composizione. Ma se sono così simili, cosa è successo a Venere?

Bene, Venere ha preso una strada molto diversa da quella della Terra. Si pensa che, molto tempo fa, Venere avesse acqua sulla sua superficie, proprio come la Terra. Ma poi, qualcosa è cambiato. Venere ha iniziato ad avere un effetto serra fuori controllo. L'effetto serra è quando l'atmosfera di un pianeta trattiene il calore del Sole, riscaldando il pianeta. È una buona cosa, in piccole dosi, perché mantiene il nostro pianeta caldo. Ma su Venere, è andato tutto storto!

L'atmosfera densa di Venere ha intrappolato troppo calore, facendo evaporare tutta l'acqua e trasformando il pianeta in un luogo torrido, con temperature così alte da poter sciogliere il piombo. Oggi, Venere è avvolto in nuvole dense di acido solforico, e la sua superficie è secca e rovente, con vulcani e montagne solitarie.

Quindi, anche se Venere era una volta simile alla Terra, ora ci mostra un esempio di cosa potrebbe accadere se le condizioni cambiano drasticamente. Ci ricorda l'importanza di prendersi cura del nostro pianeta, così che la Terra possa rimanere il luogo accogliente e vivibile che conosciamo e amiamo. E ogni volta che vedi Venere brillare nel cielo, ricorda la storia del suo incredibile viaggio nel sistema solare!

23. LA MATERIA OSCURA

Immagina di avere davanti a te una scatola magica trasparente. Guardando all'interno, non riesci a vedere nulla, ma quando la sollevi, è pesante! C'è qualcosa lì dentro, ma cosa? Questo è un po' come funziona la materia oscura nell'universo. È una delle più grandi misteriose avventure cosmiche!

La materia oscura è una specie di ingrediente segreto dell'universo. Anche se non possiamo vederla o toccarla direttamente con i nostri strumenti, sappiamo che è lì perché possiamo sentire il suo effetto. Aiuta a tenere insieme le galassie, come se fosse una colla invisibile che mantiene tutto in ordine nel grande puzzle dell'universo.

Pensa al nostro sistema solare: abbiamo il Sole, i pianeti che lo orbitano, le lune, gli asteroidi e le comete. Tutto ciò che possiamo vedere, toccare o misurare è chiamato "materia normale". Ma se mettessimo su una bilancia gigante tutto l'universo, scopriremmo che la materia normale è solo una piccola parte di ciò che c'è là fuori. La maggior parte dell'universo è fatta di materia oscura, quella cosa misteriosa che non possiamo vedere!

La materia oscura non brilla, non emette luce né energia, quindi è come un grande fantasma cosmico che si nasconde nell'ombra, ma ha un enorme impatto su come l'universo è strutturato e su come si muove.

Gli scienziati sono come detetivi spaziali che cercano di scoprire i segreti della materia oscura. Anche se non l'hanno ancora vista direttamente, stanno usando super telescopi e esperimenti ingegnosi per capire meglio questa sostanza misteriosa.

C'è molto di più là fuori di ciò che i tuoi occhi possono vedere. Un intero universo di misteri, incluso il segreto della materia oscura, aspetta solo di essere scoperto!

24. MA QUANT'È GRANDE IL NOSTRO SOLE?

Hai mai guardato il Sole (non direttamente, spero, perché è molto, molto luminoso, e ti rovinerebbe la vista!) e ti sei chiesto quanto sia davvero grande? Bene, preparati a scoprire qualcosa di sorprendente!

Il nostro Sole è come un gigante gentile nell'universo. È così grande che se fosse vuoto e potessimo usarlo come una gigantesca palla da basket, ci starebbero dentro più di 1 milione di Terre. Sì, hai capito bene: 1 milione di pianeti Terra tutti insieme in questo enorme spazio!

Ma cosa significa in termini che possiamo capire meglio? Immagina di fare un viaggio in aereo intorno alla Terra. Ci vorrebbero circa 40 ore per fare il giro completo, se volassi sempre dritto senza fermarti. Ora, se volessimo fare un viaggio simile intorno al Sole (sempre in teoria, perché è troppo caldo per avvicinarsi davvero!), ci vorrebbe molto, molto più tempo a causa della sua enorme dimensione.

Il Sole ha un diametro di circa 1,4 milioni di chilometri. Questo significa che se il Sole fosse una porta, sarebbe talmente larga che potresti camminare dritto per 109 Terre messe una dietro l'altra prima di raggiungere l'altro lato.

E nonostante la sua grandezza, il Sole è considerato una stella di dimensione media nell'universo. Ci sono stelle molto più grandi, ma per noi qui sulla Terra, il Sole è il nostro eroe personale. Ci dà luce e calore, permettendo la vita sul nostro pianeta.

Quando sentirai il calore del sole sulla tua pelle, ricorda che proviene da un gigante gentile, una stella enorme che ci protegge e ci sostiene ogni giorno. È davvero una grande stella in ogni senso!

25. IL CAMPO MAGNETICO TERRESTRE

Immagina di avere un super potere che ti protegge da cose invisibili provenienti dallo spazio. Fantastico, vero? Bene, la Terra ha proprio questo tipo di super potere, ed è chiamato il campo magnetico terrestre!

Il campo magnetico terrestre è come un grande scudo invisibile che circonda il nostro pianeta. Non lo puoi vedere o sentire, ma è sempre lì, a lavorare duro per proteggerci. Ma da cosa ci protegge? Dai raggi cosmici e dal vento solare, che sono particelle super veloci provenienti dal Sole e dallo spazio profondo. Senza questo scudo, queste particelle potrebbero danneggiare la nostra atmosfera e rendere la vita sulla Terra molto più difficile.

Ma come fa la Terra a creare questo scudo? Tutto inizia nel nucleo del nostro pianeta, un posto caldissimo e pieno di metallo liquido che si muove. Questo movimento crea il campo magnetico, un po' come quando agiti una calamita vicino a dei pezzetti di ferro e li vedi muovere.

Grazie al campo magnetico, quando queste particelle veloci dallo spazio incontrano la Terra, vengono deviate e costrette a viaggiare lungo le linee del campo magnetico, dalla cima all'altra del pianeta. E quando colpiscono l'atmosfera vicino ai poli, creano uno spettacolo di luci danzanti nel cielo chiamato aurore, o luci del nord e del sud. Sì, quel bellissimo spettacolo di luci colorate nel cielo è un effetto del nostro scudo magnetico in azione!

Il campo magnetico terrestre è davvero un super potere che ci protegge ogni giorno, permettendoci di vivere, giocare e sognare sul nostro meraviglioso pianeta.

26. I CRATERI LUNARI

Guardando la Luna di notte, noterai tutte quelle piccole e grandi buche sulla sua superficie. Queste buche sono chiamate crateri lunari, e raccontano la storia di avventure cosmiche che si sono svolte milioni di anni fa!

I crateri lunari sono come le cicatrici di battaglie tra la Luna e piccoli oggetti spaziali, come asteroidi e comete, che viaggiano veloci nello spazio. Quando uno di questi viaggiatori spaziali incontra la Luna, BOOM! Si schianta sulla sua superficie, creando una grande esplosione e lasciando dietro di sé un cratere, una sorta di impronta gigante.

Ma perché la Luna ha così tanti crateri mentre la Terra sembra non averne altrettanti? Ebbene, la Luna è come un grande libro di storia dello spazio aperto perché non ha aria. Sì, senza aria, o atmosfera, non ci sono venti o pioggia che possono cancellare le impronte nel tempo. Quindi, ogni cratere creato rimane lì, quasi per sempre, come una storia raccontata dalle stelle.

Alcuni crateri sono piccoli, appena un po' più grandi di un campo da calcio, mentre altri sono enormi, tanto grandi che potresti farci stare una città intera! E alcuni hanno persino delle montagne al centro, create dall'impatto che ha spinto il materiale verso l'alto.

Piccoli pezzi di roccia spaziale e ghiaccio, viaggiando per milioni di chilometri attraverso lo spazio, per venire a lasciare la loro impronta sulla Luna, regalandoci uno spettacolo di stelle e storie scritte non con parole, ma con crateri. Ecco, i crateri lunari non sono solo buche sulla Luna, ma segni di incontri cosmici che continuano a raccontarci la storia dell'universo!

27. SAGITTARIUS-A

Hai mai sentito parlare di un misterioso gigante nascosto al centro della nostra galassia, la Via Lattea? Si chiama buco nero supermassiccio e ha un nome proprio speciale: Sagittarius A*. Questo gigante non è come qualsiasi cosa tu possa immaginare: è una regione dello spazio dove la gravità è così forte che niente, nemmeno la luce, può scappare una volta che viene catturato!

Pensa a Sagittarius A* come a un gigantesco aspirapolvere cosmico che risucchia tutto ciò che si avvicina troppo, come stelle e gas. Ma non preoccuparti, siamo abbastanza lontani da stare al sicuro e osservare da distanza!

Il buco nero al centro della nostra galassia è davvero gigantesco. Ha una massa circa quattro milioni di volte quella del nostro Sole. Puoi immaginarlo? Se il nostro Sole fosse una pallina da ping pong, Sagittarius A* sarebbe una montagna alta e imponente!

Anche se i buchi neri sembrano un po' spaventosi, sono anche super affascinanti. Gli scienziati studiano Sagittarius A* per capire meglio come funziona il nostro universo. Per esempio, ci aiutano a capire come si muovono le stelle nella nostra galassia e come la Via Lattea si è formata miliardi di anni fa.

E anche se non possiamo vedere direttamente i

buchi neri (perché, ricorda, nemmeno la luce può scappare!), gli scienziati possono osservare come le stelle e il gas intorno a loro si comportano. Questo ci dà indizi su cosa sta succedendo vicino a Sagittarius A*.

Quindi, la prossima volta che guardi le stelle di notte, pensa al gigantesco buco nero che si nasconde al centro della nostra galassia, un segreto oscuro che tiene insieme il brillante mosaico di stelle che chiamiamo casa. È come avere un misterioso re del castello cosmico, silenzioso e potente, al centro del nostro quartiere stellare!

28. MONTAGNE SUGLI ANELLI DI SATURNO

Voliamo su Saturno, il gigante gassoso con quegli splendidi anelli che brillano nello spazio come un gigantesco disco di luce. Ma aspetta, c'è qualcosa di ancor più straordinario su quegli anelli che potrebbe sorprenderti: le montagne sugli anelli di Saturno! Ora, prima di immaginare queste "montagne" come quelle che trovi sulla Terra, con cime innevate e alberi, dobbiamo fare un piccolo aggiustamento alla nostra fantasia.

Gli anelli di Saturno sono fatti principalmente di ghiaccio, roccia e polvere. Non ci sono vere e proprie montagne sugli anelli come quelle terrestri, ma piuttosto enormi ammassi di particelle di ghiaccio che, a volte, possono formare strutture che sembrano un po' come montagne o colline gigantesche, se osservate da lontano. Queste "montagne" di ghiaccio possono essere alte anche diversi chilometri, quasi come se fossero grattacieli di ghiaccio fluttuanti nello spazio!

Queste strutture si formano a causa della gravità di Saturno e delle sue lune, che tirano e spingono le particelle negli anelli in modi che possono farle ammassare insieme. È un po' come quando giochi con la sabbia in spiaggia e usi le mani per formare castelli o colline di sabbia, solo che in questo caso, è la gravità a fare tutto il lavoro, e invece di sabbia, abbiamo ghiaccio e roccia!

29. TEMPESTE SOLARI E AURORE BOREALI

Il Sole, quel grande pallone di fuoco nel cielo, che ogni tanto decide di fare una festa spettacolare chiamata "tempesta solare". Queste feste sono davvero speciali perché non succedono qui sulla Terra, ma a milioni di chilometri di distanza, sul Sole!

Durante una tempesta solare, il Sole lancia nello spazio delle bolle giganti di energia e particelle, un po' come quando soffi delle bolle di sapone, solo che queste sono super energetiche e viaggiano nello spazio a velocità incredibili. Queste bolle, chiamate vento solare, possono viaggiare fino a raggiungere la Terra.

Ora, ricordi lo scudo invisibile di cui abbiamo parlato, il campo magnetico terrestre? Quando il vento solare incontra questo scudo, succede qualcosa di magico. Le particelle del vento solare iniziano a ballare con il campo magnetico della Terra, creando uno spettacolo di luci fantastico chiamato "aurora boreale" nel Nord e "aurora australe" nel Sud.

Le aurore boreali sono come le luci discoteca del cielo. Immagina onde di luci verdi, rosa, viola e blu che danzano nel cielo notturno. Questo spettacolo di luci avviene principalmente vicino ai poli della Terra, dove il campo magnetico è più forte e tira a sé queste particelle energetiche.

Le tempeste solari non sono solo importanti perché aiutano a creare uno dei fenomeni naturali più belli del nostro pianeta, ma ci ricordano anche quanto siamo connessi al Sole, anche se sembra così lontano.

30. IL PRIMO ESSERE VIVENTE MANDATO NELLO SPAZIO

Pensi mai a chi o cosa è stato il primo a fare un viaggio nello spazio, molto prima degli astronauti? Bene, non è stata una persona, ma una coraggiosa cagnolina di nome Laika!

Laika non era un cane qualunque. Era una piccola cagnolina, trovata per le strade di Mosca, scelta per diventare il primo essere vivente a orbitare attorno alla Terra. Puoi immaginarlo? Una piccola cagnolina diventata un super esploratore spaziale!

Nel 1957, Laika è stata lanciata nello spazio a bordo della navicella spaziale sovietica Sputnik 2. Immagina Laika, con il suo piccolo casco spaziale (anche se in realtà non ne indossava uno, ma è divertente immaginarlo così), pronta per la sua grande avventura tra le stelle.

La missione di Laika era molto importante perché gli scienziati volevano sapere se un essere vivente poteva sopravvivere in orbita nello spazio. Questo viaggio spaziale ha aiutato gli scienziati a imparare molto su come la mancanza di gravità influisce sugli esseri viventi, preparando la strada per le future missioni spaziali con esseri umani a bordo.

Anche se Laika non è tornata a casa, è sempre ricordata come una piccola grande eroina dello spazio. La sua missione ha mostrato che era possibile per gli esseri viventi viaggiare nello spazio, aprendo la strada a tutte le avventure spaziali che sono venute dopo.

Ricordati di Laika, la cagnolina esploratrice dello spazio, e di come ha aiutato a realizzare il sogno di esplorare l'infinito universo.

31. LA LEGGE DI MURPHY NELLO SPAZIO

Sai cosa succede quando la Legge di Murphy decide di fare un viaggio nello spazio? Sì, proprio così, anche nello spazio le cose possono andare storte, ma gli astronauti e gli scienziati sono super preparati per affrontare ogni tipo di avventura, anche le più imprevedibili!

Quando si tratta di esplorare lo spazio, ogni dettaglio deve essere pianificato con cura. Immagina di prepararti per una gita spaziale: hai il tuo casco, la tuta spaziale, e sei pronto per salire sulla tua navicella. Ma cosa succederebbe se dimenticassi il tuo snack preferito sulla Terra? O se una piccola vite non fosse stata stretta abbastanza bene? Ecco dove la Legge di Murphy entra in gioco, ricordandoci che "se qualcosa può andare storto, probabilmente lo farà".

Gli ingegneri e gli scienziati che lavorano con gli astronauti sanno molto bene che nello spazio ogni piccola cosa conta. Per questo testano e riprovano tutto molte volte, per essere sicuri che ogni sistema sia a prova di Murphy! Usano simulazioni per vedere cosa potrebbe andare storto e pianificano soluzioni per ogni possibile problema, anche i più strani.

Ad esempio, sapevi che sulla Stazione Spaziale Internazionale hanno strumenti apposta per affrontare ogni tipo di situazione imprevista? E hanno anche esercizi di addestramento per situazioni di emergenza, così che possano reagire velocemente se qualcosa non va come previsto.

Anche se la Legge di Murphy può farci pensare che gli imprevisti sono solo brutte notizie, nello spazio ci insegna qualcosa di molto importante: essere preparati, lavorare di squadra e avere sempre un piano B (e anche un piano C, D, E...). Ricorda, ogni problema è solo un'avventura che aspetta di essere risolta, sia qui sulla Terra che tra le stelle!

32. IL PIANETA CON LA CODA HAT-P-32b

C'è un pianeta così straordinario e unico che sembra avere una propria coda, proprio come una cometa! Questo pianeta speciale si chiama HAT-P-32b, ed è uno dei tanti pianeti incredibili che gli scienziati hanno scoperto nello spazio, lontano dalla nostra Terra.

HAT-P-32b è un gigante gassoso, il che significa che non è solido come la Terra, ma è fatto principalmente di gas. Ora, la cosa davvero affascinante di questo pianeta è che ha una "coda". Ma come fa un pianeta ad avere una coda, ti chiederai?

Bene, HAT-P-32b è molto vicino alla sua stella, molto più vicino di quanto la Terra sia al Sole. A causa di questa vicinanza, la stella riscalda il pianeta a temperature incredibilmente alte, così calde che parte dell'atmosfera del pianeta inizia ad evaporare nello spazio. Immagina di vedere un gelato sotto il sole estivo che inizia a sciogliersi e gocciolare. Qualcosa di simile accade a HAT-P-32b, ma invece di gelato, è il gas del pianeta che "si scioglie" via.

Questo gas che evapora viene trascinato via dal pianeta, creando una sorta di coda dietro di lui, un po' come la coda di una cometa. Questa coda è fatta di particelle brillanti che lasciano una scia luminosa nello spazio. Non è affascinante?

Gli scienziati studiano pianeti come HAT-P-32b per capire meglio come funzionano e per imparare di più su tutti i tipi di mondi straordinari che esistono nell'universo. Ogni pianeta ha la sua storia unica da raccontare, e HAT-P-32b ci mostra quanto possa essere sorprendente l'universo, con i suoi pianeti con la coda e le sue meraviglie cosmiche.

In quel vasto universo, ci sono mondi incredibili come HAT-P-32b, che continuano a stupirci con le loro caratteristiche uniche e affascinanti.

33. IL PARADOSSO DEL NONNO

Hai mai sognato di viaggiare nel tempo? Immagina di saltare su una macchina del tempo e di zompare indietro nel passato o avanti nel futuro. Sembra divertente, vero? Ma c'è un'idea stravagante che fa arrovellare il cervello a chiunque pensi ai viaggi nel tempo: si chiama il paradosso del nonno.

Pensa a questo: se avessi una macchina del tempo e decidessi di fare un viaggio nel passato, potresti incontrare il tuo nonno quando era ancora un ragazzo. Ora, immagina che per qualche motivo, tu faccia qualcosa che impedisca a tuo nonno di incontrare tua nonna. Se loro non si incontrano, uno dei tuoi genitori non sarebbe mai nato... e allora nemmeno tu! Ma se tu non sei nato, come hai potuto viaggiare nel tempo per influenzare la vita dei tuoi nonni? È un vero rompicapo, vero?

Questo è il paradosso del nonno: un'idea che mostra quanto possano essere complicati e confusi i viaggi nel tempo se potessero davvero accadere. Ci fa chiedere: se cambi qualcosa nel passato, come influenzerà il presente? E se cambi il presente, cosa succederà al futuro?

Gli scienziati e gli scrittori di fantascienza adorano pensare a queste domande perché aprono un mondo di possibilità infinite. Anche se per ora i viaggi nel tempo sono solo nella nostra immaginazione, il paradosso del nonno ci invita a sognare e a immaginare tutte le avventure che potremmo vivere.

34. LA STAZIONE SPAZIALE INTERNAZIONALE ISS

Pensa per un attimo di avere una casa che fluttua nello spazio, dove puoi vedere il sorgere del sole 16 volte al giorno e osservare la Terra da una finestra con la vista più spettacolare che tu abbia mai visto. Questo posto esiste davvero ed è chiamato la Stazione Spaziale Internazionale, o ISS!

L'ISS è come un grande laboratorio scientifico che orbita attorno alla Terra, molto, molto in alto nel cielo. È lì su, tra le stelle, che astronauti da tutto il mondo vengono a lavorare insieme, facendo esperimenti che non potrebbero fare sulla Terra. Studiano come vivono le piante e gli animali nello spazio, e anche come il corpo umano reagisce a lunghe permanenze senza gravità.

Ma come fanno a vivere lì su? Bene, l'ISS ha tutto ciò di cui hanno bisogno: posti per dormire, una cucina dove preparare cibi speciali che non fluttuano via, e persino una piccola palestra per fare esercizio. Devono fare esercizio ogni giorno per mantenere i loro muscoli e le ossa forti, perché nello spazio, senza la gravità, il corpo può indebolirsi.

E sai una cosa ancora più fantastica? La Stazione Spaziale Internazionale viaggia davvero veloce, orbitando intorno alla Terra una volta ogni 90 minuti circa. Questo significa che gli astronauti vedono un alba e un tramonto ogni ora e mezza!

L'ISS è anche un simbolo di come i paesi possano lavorare insieme nello spazio. È stata costruita con l'aiuto di molti paesi, e astronauti di tutto il mondo possono chiamarla casa.

35. ALTRI PIANETI ABITABILI

Ti chiedi mai se da qualchc parte, in lontananza, ci potrebbe essere un altro pianeta abitabile, un posto dove potremmo vivere o dove potrebbero già esistere forme di vita aliena? Gli scienziati sono alla ricerca di questi pianeti, chiamati "esopianeti abitabili", da molto tempo, e hanno scoperto alcuni luoghi davvero interessanti!

Immagina un mondo dove gli oceani sono più profondi dei nostri e il cielo ha un colore diverso. O forse un pianeta dove ci sono due soli nel cielo, proprio come in una scena di un film di fantascienza! Gli scienziati cercano pianeti che si trovano nella "zona abitabile" delle loro stelle, il che significa che non sono troppo caldi né troppo freddi, ma giusti per avere acqua liquida, un ingrediente chiave per la vita come la conosciamo.

Uno di questi pianeti potrebbe essere "Kepler-186f", che orbita attorno a una stella non troppo diversa dal nostro Sole. È un po' più grande della Terra, ma è nella zona abitabile, il che lo rende un candidato eccitante per la ricerca di vita.

Poi c'è "Proxima Centauri b", che è ancora più vicino a noi, orbitando attorno alla stella più vicina al nostro sistema solare. È un po' come il nostro vicino cosmico che vive giusto dietro l'angolo galattico.

Anche se non sappiamo ancora se questi pianeti abbiano acqua o vita, l'idea che ci possano essere mondi simili alla Terra là fuori è davvero eccitante. Significa che potremmo non essere soli nell'universo e che, un giorno, potremmo scoprire nuovi luoghi incredibili da esplorare.

Chissà, magari un giorno uno di questi pianeti diventerà una nuova casa per gli esploratori dello spazio!

36. QUANTO LONTANI SIAMO ANDATI CON LE SONDE?

Hai mai lanciato un aeroplanino di carta e ti sei chiesto fino a dove potrebbe volare? Ora, immagina di avere un aeroplanino speciale, uno che può volare nello spazio, oltre i pianeti e le stelle. Questo è un po' ciò che gli scienziati fanno con le sonde spaziali, i nostri aeroplanini super speciali che esplorano l'universo per noi!

Le sonde spaziali sono come esploratori robotici che viaggiano nello spazio per vedere e studiare posti che sono troppo lontani o troppo pericolosi per gli astronauti. E abbiamo mandato queste sonde davvero lontano!

Una delle prime sonde spaziali famose è stata Voyager 1. Lanciata nel 1977, ha viaggiato oltre i pianeti del nostro sistema solare, inviandoci immagini e informazioni su Giove e Saturno e poi continuando il suo viaggio verso lo spazio interstellare. Ora, è più lontana da noi di qualsiasi altro oggetto creato dall'uomo, a miliardi di chilometri di distanza, ancora inviandoci dati dal bordo del nostro sistema solare.

Un'altra esploratrice spaziale è New Horizons, che ha visitato Plutone, il mondo ghiacciato ai confini del nostro sistema solare, dandoci la prima occhiata ravvicinata a questo piccolo pianeta misterioso e ai suoi amici, le lune.

E non dimentichiamo le sonde che hanno viaggiato verso Marte, come Curiosity, un rover che passeggia sulla superficie marziana, facendo esperimenti e scattando selfie, proprio come faremmo noi se potessimo andare là!

Ogni volta che una sonda spaziale raggiunge un nuovo obiettivo, è come se l'umanità intera facesse un passo avanti nell'esplorazione dello spazio. E anche se queste sonde spaziali sono andate davvero lontano, l'universo è così vasto che siamo appena all'inizio della nostra avventura cosmica.

37. STRANI OGGETTI NELLO SPAZIO

Hai mai pensato a cosa succederebbe se inviassimo nello spazio qualcosa di davvero strano, qualcosa che non ti aspetteresti mai di trovare tra le stelle? Bene, lascia che ti racconti di uno degli oggetti più strani mai lanciati nello spazio: un'automobile!

Sì, hai capito bene! Nel 2018, un'auto vera e propria, una Tesla Roadster rossa, è stata lanciata nello spazio a bordo di un razzo. E non era un'auto qualsiasi, ma l'automobile personale di Elon Musk, l'uomo dietro a questa avventura spaziale. Immagina di vedere un'auto che fluttua tranquillamente nello spazio, con la Terra che si allontana nel retrovisore. Sembra una scena da un film di fantascienza, vero?

Ma c'è di più: al posto del conducente, c'era un manichino in tuta da astronauta, chiamato "Starman", seduto al volante. Starman e la sua Tesla sono stati lanciati nello spazio dalla potente navicella Falcon Heavy della SpaceX, e ora stanno viaggiando attorno al Sole, proprio come i pianeti e le comete.

L'idea di lanciare un'auto nello spazio potrebbe sembrare un po' pazza, ma c'era un motivo serio dietro a questa scelta. È stato un modo per testare il razzo e per mostrare al mondo che si possono inviare oggetti pesanti nello spazio, aprendo nuove possibilità per future esplorazioni e missioni spaziali.

Quindi, la prossima volta che guarderai il cielo notturno, pensa a Starman e alla sua auto rossa che viaggiano silenziosamente nello spazio, esplorando l'infinito per noi. È un promemoria di quanto lontano possiamo arrivare con l'ingegno e l'immaginazione, e di come, nello spazio, tutto è possibile!

38. LA GRANDE MACCHIA DI GIOVE

Hai presente quelle macchie tondeggianti quando disegni con le tempere? Bene, Giove, il gigante gassoso del nostro Sistema Solare, ha una macchia gigantesca, ma non è fatta di tempera, bensì è una tempesta gigante, ed è chiamata la Grande Macchia Rossa. Questa non è una tempesta qualunque; è così grande che potrebbe inghiottire più di due Terre!

La Grande Macchia Rossa è una tempesta che turbinava su Giove da centinaia di anni, molto prima che i tuoi nonni, i loro nonni, e anche i nonni dei loro nonni fossero nati. Gli scienziati pensano che potrebbe essere più vecchia di 350 anni, il che la rende la festa del vento più lunga della storia!

Ma cosa rende questa macchia così speciale, oltre alla sua età? Prima di tutto, è enorme. Immagina un vortice così vasto che potresti fare un viaggio in aereo all'interno di questa tempesta e volare per ore senza vedere la fine. E poi, c'è il colore: un rosso vivace che si distingue contro le striature color crema e bianche di Giove. Gli scienziati non sono ancora completamente sicuri del motivo per cui la macchia sia rossa, ma potrebbe essere a causa di sostanze chimiche sollevate dalla tempesta o forse dalla luce del Sole che cambia il colore delle nuvole.

La cosa davvero incredibile della Grande Macchia Rossa è che ci mostra quanto possano essere selvaggi e meravigliosi i pianeti del nostro Sistema Solare. Anche se Giove è molto, molto lontano da noi, possiamo ancora imparare molto osservando questa gigantesca tempesta attraverso telescopi.

39. SENZA GIOVE NON ESISTEREMMO

Dovremmo rigraziare tutti Giove! Magari no, ma c'è una ragione molto interessante per cui forse dovremmo! Giove, il gigante gassoso del nostro Sistema Solare, è un po' come un grande fratello protettivo per la Terra. Senza di lui, la vita sul nostro pianeta potrebbe essere molto diversa, o forse non esisterebbe affatto.

Giove è il pianeta più grande del nostro Sistema Solare, ed è enorme! Ha una forza di gravità così potente che attira a sé molti degli asteroidi e delle comete che potrebbero altrimenti avvicinarsi troppo alla Terra. Puoi immaginarlo come un enorme aspirapolvere cosmico che tiene lontani i detriti spaziali pericolosi.

Ma non è tutto. La sua enorme gravità ha anche aiutato a dare forma alla via in cui i pianeti del nostro Sistema Solare si sono sistemati nei loro attuali percorsi attorno al Sole. Senza Giove, gli asteroidi e le comete potrebbero viaggiare attraverso il Sistema Solare in modo più caotico, aumentando le possibilità che uno di questi oggetti spaziali potesse colpire la Terra, cambiando completamente la storia del nostro pianeta.

Giove ci protegge in un altro modo. La sua enorme massa ha catturato gas e detriti che altrimenti avrebbero potuto formare un altro pianeta tra lui e Marte, lasciando spazio per la Terra di svilupparsi in un ambiente stabile e sicuro per la vita come la conosciamo.

Anche se non possiamo vederlo con i nostri occhi ogni notte, Giove sta lì, silenziosamente, facendo da guardiano del nostro piccolo angolo di universo. La prossima volta che guarderai il cielo notturno, cerca Giove e pensa a quanto siamo fortunati ad averlo come nostro grande protettore cosmico. Grazie, Giove, per averci reso possibile la vita sulla Terra!

40. DOVE SOFFIA IL VENTO PIÙ FORTE DELL'UNIVERSO

Hai mai sentito il vento fischiare forte durante una tempesta e ti sei chiesto se potesse esserci un vento ancora più forte da qualche parte nell'universo? Bene, preparati a sentire la storia del vento più potente mai scoperto nello spazio!

Lontano, in un angolo remoto dell'universo, c'è un buco nero supermassiccio. Non è un buco nero qualunque, ma uno che soffia via un vento cosmico a velocità davvero impressionanti. Questo vento non è come il vento che sentiamo sulla Terra; è un flusso di gas supercaldo che viene sparato fuori da intorno al buco nero a una velocità che supera quella di qualsiasi vento mai registrato da noi terrestri.

Immagina di avere una pistola giocattolo che spara

palline d'aria, solo che invece di palline d'aria, spari gas caldissimo e invece di una pistola giocattolo, hai un buco nero gigante! Questo vento spaziale può viaggiare a milioni di chilometri all'ora, molto, molto più veloce di qualsiasi auto da corsa o aereo supersonico che conosciamo qui sulla Terra.

Ma perché questo buco nero soffia un vento così forte? Beh, quando il gas e la polvere si avvicinano troppo a un buco nero, vengono riscaldati a temperature incredibili e parte di questo materiale viene sparato via in un potente flusso di vento. Questo processo aiuta a regolare la crescita del buco nero e può influenzare tutto ciò che si trova nelle sue vicinanze, come stelle e intere galassie.

41. TRAPPIST-1 E I 7 PIANETI SIMILI ALLA TERRA

Immagina di avere un telescopio magico che ti permette di vedere lontano, molto lontano nello spazio, fino a scoprire un posto speciale chiamato TRAPPIST-1. Questo non è un nome di un mago o di un incantesimo, ma di una stella lontana, attorno alla quale orbitano sette pianeti incredibili che somigliano un po' alla nostra Terra!

TRAPPIST-1 è come un piccolo quartiere cosmico, con sette case, o meglio, pianeti, che si trovano tutti vicini vicini, molto più vicini di come i pianeti del nostro Sistema Solare sono tra loro. E la cosa più eccitante è che tre di questi pianeti si trovano nella "zona abitabile", il che significa che non sono né troppo caldi né troppo freddi, ma giusti per avere acqua liquida, un ingrediente chiave per la vita come la conosciamo.

Ora, immagina questi pianeti come sette fratelli, ognuno con le proprie caratteristiche. Alcuni potrebbero avere oceani, altri deserti, e alcuni potrebbero avere nuvole nel cielo, proprio come la Terra. Gli scienziati sono molto interessati a TRAPPIST-1 perché pensano che questi pianeti potrebbero dirci se c'è vita da qualche altra parte nell'universo.

Anche se TRAPPIST-1 è molto lontano da noi (a circa 40 anni luce di distanza, che in termini spaziali è come dire "nell'angolo della nostra galassia"), ci fa sognare e immaginare. Cosa c'è su quei pianeti? Potrebbero avere alberi, oceani, o forse anche creature strane che non abbiamo mai visto?

42. BUCO NERO O NANA BIANCA, IL LIMITE DI CHANDRASEKHAR

Hai mai sentito parlare di una stella che dopo una lunga vita può trasformarsi in due cose completamente diverse? È come se alla fine di una grande avventura, una stella dovesse scegliere se diventare un supereroe o un mago. Questa scelta dipende da qualcosa chiamato "limite di Chandrasekhar", che è un po' come una regola magica nell'universo.

Il limite di Chandrasekhar prende il nome da Subrahmanyan Chandrasekhar, un brillante scienziato che ha scoperto questa regola speciale. Ha calcolato che se una stella morta, o ciò che resta di essa, pesa meno di circa 1,4 volte la massa del nostro Sole, allora diventa una "nana bianca". Una nana bianca è come una stella magica che ha usato quasi tutta la sua energia, ma continua a brillare debolmente per miliardi di anni. È piccola, incredibilmente densa e potrebbe contenere la massa del Sole in uno spazio grande quanto la Terra!

Ma se la stella morta pesa di più del limite di Chandrasekhar, ecco che la magia accade in modo diverso. Invece di diventare una nana bianca, collassa su se stessa, diventando un buco nero. I buchi neri sono come supereroi dell'universo, con poteri così forti che nulla, nemmeno la luce, può sfuggire alla loro presa. Non sono cattivi, ma sono misteriosi e incredibilmente potenti.

Quindi, grazie al limite di Chandrasekhar, possiamo capire il destino finale di una stella. Sarà una nana bianca, che continua a brillare come un gioiello cosmico, o un buco nero, che nasconde i suoi segreti nell'oscurità dello spazio?

È affascinante pensare che la fine della storia di

una stella dipenda da una regola scoperta da un uomo che amava guardare le stelle, proprio come te. Chi sa, magari un giorno scoprirai anche tu una regola magica dell'universo!

43. ACQUA SU EUROPA, LA LUNA DI GIOVE

Oggi sei un esploratore cosmico in viaggio verso una luna lontana chiamata Europa, che orbita attorno a Giove, il gigante gassoso del nostro Sistema Solare. Europa non è come la nostra Luna; ha un segreto nascosto sotto la sua superficie ghiacciata che potrebbe sorprenderti: un oceano d'acqua!

Sì, hai capito bene! Sotto la sua crosta di ghiaccio, che brilla di un bianco luminoso quando la luce del Sole la colpisce, si nasconde un vasto oceano d'acqua liquida. Non è un piccolo laghetto o una piscina, ma un oceano gigantesco che potrebbe essere profondo anche decine di chilometri.

Ma cosa rende questo oceano così speciale? Gli scienziati pensano che dove c'è acqua, potrebbe esserci anche la vita. Non stiamo parlando di pesci o balene come quelli della Terra, ma di forme di vita molto semplici, forse simili ai batteri. Questo oceano su Europa è uno dei posti più eccitanti del Sistema Solare dove potremmo trovare vita al di fuori della Terra.

Pensa a Europa come a una grande palla di neve con un cuore caldo. Il calore dal suo interno fa sì che l'acqua rimanga liquida, anche se la superficie è gelata. È come avere una sorpresa calda e accogliente nascosta dentro una sfera di ghiaccio.

Gli scienziati stanno pianificando missioni per esplorare Europa e scoprire di più sul suo oceano nascosto. Chi sa, magari un giorno potremo scoprire se siamo soli nell'universo o se c'è qualcuno là fuori, sotto il ghiaccio di una lontana luna.

44. LA STORIA DI PLUTONE

C'era una volta, ai confini del nostro Sistema Solare, un piccolo mondo gelato chiamato Plutone. Questo lontano pianeta è stato scoperto nel 1930 da un astronomo di nome Clyde Tombaugh, che stava esplorando lo spazio con un potente telescopio. Per molti anni, Plutone è stato considerato il nono pianeta del nostro Sistema Solare, una lontana sfera di ghiaccio e roccia che completa un giro intorno al Sole ogni 248 anni terrestri!

Plutone è davvero speciale perché ha un cuore grande e brillante di ghiaccio, che si vede nelle foto come una grande macchia chiara, e ha anche una strana orbita che a volte lo porta più vicino a noi del pianeta Nettuno. Immagina una pista di gara cosmica dove i pianeti corrono intorno al Sole, e Plutone decide di prendere una scorciatoia!

Ma la storia di Plutone ha preso una svolta inaspettata nel 2006, quando gli astronomi hanno deciso di cambiare l'idea di cosa significa essere un pianeta. Hanno detto che Plutone è un po' troppo piccolo e la sua orbita un po' troppo strana per essere considerato un pianeta come gli altri. Così, Plutone è stato riclassificato come "pianeta nano". Alcune persone erano tristi per questo cambiamento, ma non ti preoccupare, Plutone è ancora lo stesso affascinante mondo gelato che è sempre stato.

Nonostante il suo nuovo titolo, Plutone continua a catturare la nostra immaginazione. Nel 2015, una navicella spaziale chiamata New Horizons ha volato vicino a Plutone, inviandoci foto sorprendenti e nuove informazioni su questo piccolo mondo gelato. Abbiamo scoperto che ha montagne di ghiaccio e persino cieli azzurri!

Anche se Plutone potrebbe non essere più ufficialmente un pianeta, resta un luogo affascinante e misterioso che gli scienziati e gli esploratori spaziali continueranno a studiare. Ricorda, Plutone, con la sua storia unica, ci insegna che c'è sempre qualcosa di nuovo da scoprire nello spazio, indipendentemente dalle etichette che diamo ai mondi lontani.

45. RENDERE MARTE ABITABILE, TERRAFORMAZIONE

Immagina di poter prendere un pianeta freddo e deserto come Marte e trasformarlo in un posto dove potremmo vivere, giocare e esplorare, proprio come facciamo sulla Terra. Questa fantastica idea si chiama "terraformazione", e Marte è uno dei luoghi dove gli scienziati pensano che un giorno potremmo farlo davvero!

Marte, il Pianeta Rosso, ha molte cose in comune con la Terra: ha giornate quasi della stessa lunghezza delle nostre e quattro stagioni. Ma per rendere Marte abitabile, dovremmo fare alcuni grandi cambiamenti.

Il primo grande passo nella terraformazione di Marte sarebbe riscaldarlo un po'. Marte è piuttosto freddo ora, quindi potremmo usare dei "specchi spaziali" giganti per riflettere più luce solare sul pianeta, o rilasciare gas che trappolano il calore, per scaldarlo. Immagina di poter regolare il termostato di un intero pianeta!

Poi, avremmo bisogno di acqua, tanta acqua, per laghi, fiumi e oceani. La buona notizia è che Marte ha già acqua sotto forma di ghiaccio, specialmente ai poli. Dovremmo trovare un modo per scioglierlo e distribuirlo in tutto il pianeta.

E infine, dovremmo creare un'atmosfera respirabile. Marte ha un'atmosfera, ma è molto sottile e principalmente di anidride carbonica. Potremmo piantare alberi e altre piante che possono trasformare l'anidride carbonica in ossigeno, un po' come un grande giardino spaziale!

Rendere Marte abitabile non sarà facile e richiederà molti anni, se non secoli, di lavoro. Ma pensa solo a quanto sarebbe emozionante poter visitare Marte un giorno e vedere un nuovo mondo pieno di vita, tutto grazie alla magia della scienza e dell'ingegnosità umana.

Marte potrebbe essere il futuro giardino dell'umanità, un posto dove le future generazioni potrebbero esplorare e chiamare casa.

46. LA TEORIA DEL TUTTO

Come sarebbe avere un gigantesco puzzle che racchiude tutti i segreti dell'universo? Ogni pezzetto rappresenta una legge della natura, dalle minuscole particelle che compongono tutto ciò che ci circonda, fino alle enormi galassie nello spazio lontano. La "Teoria del Tutto" è come il sogno di trovare l'ultimo pezzo di questo puzzle, quello che fa combaciare perfettamente tutti gli altri, unendo tutto ciò che sappiamo sull'universo in una sola, grande comprensione.

Gli scienziati hanno scoperto molte leggi diverse che spiegano come funzionano le cose in modi diversi. Alcune leggi parlano di come si muovono i pianeti e le stelle, chiamate leggi della gravità. Altre leggi spiegano le cose piccolissime, come gli atomi e le particelle, attraverso qualcosa chiamato fisica quantistica.

Il problema è che queste regole sembrano giocare secondo manuali diversi, e non sempre si accordano tra loro. La Teoria del Tutto cerca di trovare un modo per farle lavorare insieme, come una squadra perfettamente sincronizzata, in modo che possiamo avere una spiegazione unica e completa che descriva tutto nell'universo, dalla cosa più grande alla più piccola.

Pensaci come se stessi cercando di capire le regole di un gioco che funziona sia per i giocattoli nel tuo cortile che per le stelle nel cielo. Se gli scienziati riescono a scoprire la Teoria del Tutto, sarebbe come avere la chiave finale per decifrare tutti i misteri dell'universo, permettendoci di capire cose incredibili, forse persino come viaggiare tra le stelle o scoprire nuove forme di energia.

Forse un giorno, qualcuno di voi potrebbe aiutare a trovare quel pezzo mancante del puzzle!

47. I ROVER MARZIANI

Pensa ad un robot giocattolo super avanzato che non solo può camminare e esplorare la tua stanza, ma può anche viaggiare nello spazio e atterrare su un altro pianeta per esplorarlo. Questo non è un sogno; è esattamente ciò che fanno i rover marziani sulla superficie di Marte!

I rover marziani sono come esploratori robotici su ruote, inviati dagli scienziati della Terra per fare un giro su Marte, il Pianeta Rosso. Hanno il compito di scattare foto, raccogliere rocce, e persino cercare segni di acqua o, chi lo sa, forse anche di vita!

Uno dei rover più famosi si chiama Curiosity, che significa "Curiosità". È atterrato su Marte nel 2012 e da allora ha girato il pianeta, scattando foto stupende e facendo scoperte incredibili. Curiosity ha una telecamera, una specie di braccio robotico per raccogliere campioni di roccia, e persino un laser per zappare le rocce e vedere di cosa sono fatte.

Più recentemente, un altro rover chiamato Perseverance, che significa "Perseveranza", si è unito all'esplorazione di Marte. È ancora più avanzato e ha persino portato con sé un piccolo elicottero chiamato Ingenuity, che ha fatto il primo volo controllato su un altro pianeta! Pensa un po': un mini elicottero che vola intorno a Marte!

Questi rover marziani ci aiutano a scoprire se Marte potrebbe aver ospitato vita in passato o se potrebbe essere un posto dove gli umani potrebbero vivere in futuro. Ogni giorno inviano dati e foto che ci fanno capire sempre di più su questo pianeta misterioso.

48. I LIMITI DELL'UNIVERSO

Hai mai aperto una mappa e ti sei chiesto cosa c'è oltre i bordi disegnati? O guardato il mare e pensato a cosa si trova oltre l'orizzonte? L'universo è un po' come quello, solo molto, molto più grande e pieno di stelle, pianeti e galassie lontane. Ma una domanda che potresti farti è: l'universo ha un limite? Fino a dove si estende?

Immagina di essere su una navicella spaziale super veloce, pronta a viaggiare verso i confini dell'universo. Mentre viaggi attraverso stelle e nebulose, inizi a capire una cosa sorprendente: l'universo è incredibilmente vasto e, secondo gli scienziati, sta ancora espandendosi! È come un palloncino che si gonfia sempre di più. Quindi, in un certo senso, l'universo non ha un limite fisso come il bordo di una mappa o la fine di una spiaggia.

Gli scienziati dicono che l'universo è iniziato con il Big Bang, una grande esplosione che ha dato inizio a tutto circa 13,8 miliardi di anni fa. Da allora, si sta espandendo, il che significa che i confini dell'universo si stanno allontanando sempre più.

Ma ecco la parte davvero interessante: anche se potessimo viaggiare alla velocità della luce, ci sarebbero ancora parti dell'universo che non potremmo mai raggiungere perché si stanno allontanando da noi troppo velocemente. È un po' come cercare di correre su un tapis roulant che accelera sempre di più; non importa quanto velocemente corri, non puoi raggiungere la fine.

Quindi, anche se non possiamo viaggiare fisicamente ai limiti dell'universo, possiamo usare i nostri telescopi per guardare lontano nello spazio, osservando la luce delle stelle e delle galassie che ha viaggiato per miliardi di anni per raggiungerci. Ogni volta che guardiamo il cielo notturno, stiamo in un certo senso esplorando i confini dell'universo, scoprendo nuove meraviglie e misteri che ci aspettano, proprio alla nostra portata cosmica.

49. LA TEORIA DELLE STRINGHE

Tutto nell'universo, dalle stelle nel cielo alle foglie sull'albero nel tuo giardino, è fatto di piccolissime corde che vibrano, un po' come le corde di una chitarra o di un violino. Questa idea fantastica è al cuore della Teoria delle Stringhe, una delle teorie più affascinanti e complesse che gli scienziati hanno immaginato per cercare di spiegare come funziona l'universo.

Secondo la Teoria delle Stringhe, le particelle più piccole che compongono tutto ciò che vediamo e non vediamo non sono punti, ma piccole stringhe vibranti. Ogni corda può vibrare in modi diversi, e ogni tipo di vibrazione corrisponde a una particella diversa, un po' come diverse note musicali create dalle corde di uno strumento.

Ma c'è di più! La Teoria delle Stringhe suggerisce anche che l'universo potrebbe avere più dimensioni di quelle che conosciamo. Oltre alle tre dimensioni dello spazio (su, giù, destra, sinistra, avanti, indietro) e una del tempo, potrebbero esserci altre dimensioni nascoste, così piccole e avvolte su se stesse che non possiamo vederle.

Anche se la Teoria delle Stringhe suona come qualcosa di uscito da un libro di storie magiche, gli scienziati la prendono molto sul serio perché potrebbe aiutarci a comprendere alcuni dei più grandi misteri dell'universo, come la gravità, la luce e le forze che tengono insieme le cose.

Pensare all'universo come a una sinfonia di corde che vibrano potrebbe sembrare strano, ma è anche un modo meraviglioso di vedere il mondo. Ogni volta che ascolti musica, ricorda che, in un certo senso, potrebbe essere simile al modo in cui l'universo stesso suona la sua melodia attraverso la danza segreta delle stringhe.

50. IL TELESCOPIO HUBBLE

Pensa quanto sarebbe fantastico avere occhiali magici che ti permettano di vedere stelle, galassie e nebulose lontane, nascoste agli occhi di tutti? Bene, c'è qualcosa di simile nello spazio, ed è chiamato Telescopio Spaziale Hubble!

L'Hubble non è un telescopio qualsiasi. È uno speciale osservatorio nello spazio, lanciato dagli umani sulla Terra nel 1990, che orbita attorno al nostro pianeta. Senza l'atmosfera terrestre a offuscare la vista, Hubble può guardare l'universo con occhi incredibilmente chiari, regalandoci immagini mozzafiato del cosmo.

Immagina di poter vedere le ali di una farfalla cosmica, che in realtà è una nebulosa dove nascono nuove stelle, o di poter osservare una danza di galassie lontane che si avvicinano e si allontanano tra loro in un balletto celestiale. Questo è il tipo di spettacolo che Hubble ci permette di vedere.

Hubble ha anche aiutato gli scienziati a scoprire cose incredibili, come l'età esatta dell'universo, che si stima sia di circa 13,8 miliardi di anni. Ha spiato i pianeti del nostro Sistema Solare, osservato stelle che nascono e muoiono, e addirittura trovato nuovi mondi in altri sistemi solari.

Pensa a Hubble come a un supereroe dello spazio con il superpotere della vista super-acuta. Flullua silenziosamente nello spazio, inviandoci segreti dell'universo che senza di lui non potremmo mai conoscere.

Grazie, Hubble, per averci mostrato quanto sia grande e bello l'universo!

51. COSA VEDRESTI ATTERRANDO SU VENERE

Immaginiamo di essere un astronauti avventurosi pronti a fare un atterraggio su Venere, il nostro vicino planetario. Mentre la tua navicella spaziale si avvicina, ti prepari ad esplorare un mondo totalmente diverso dalla Terra. Ma cosa vedresti una volta atterrato su Venere? Preparati, perché Venere è un pianeta pieno di sorprese e misteri!

Prima di tutto, ti accoglierebbe un cielo giallastro e opaco, non azzurro come sulla Terra. Questo perché l'atmosfera di Venere è densa e piena di nuvole di acido solforico che riflettono la luce del Sole in modo che quasi nulla riesca a toccare la superficie. Non vedresti il Sole come lo vediamo dalla Terra, ma solo una luminosità diffusa in tutto il cielo.

Poi, guardando intorno a te, noteresti un paesaggio roccioso e desolato, con grandi montagne e pianure estese. Venere ha vulcani, alcuni dei quali potrebbero essere ancora attivi, e vasti campi di lava che coprono gran parte della sua superficie.

Ma non sperare di trovare acqua o vita vegetale; la superficie di Venere è estremamente calda, con temperature che possono raggiungere i 470 gradi Celsius, abbastanza da sciogliere il piombo! E la pressione atmosferica è così alta, come se fossi schiacciato sotto un oceano profondo.

Infine, il vento. Anche se l'aria è quasi immobile al suolo, nelle alte atmosfere soffiano venti fortissimi che fanno circolare le nuvole di acido solforico intorno a tutto il pianeta a velocità incredibili.

Atterrare su Venere sarebbe come visitare un mondo alieno dalla bellezza letale: un cielo che nasconde il Sole, paesaggi rocciosi dominati da vulcani e un caldo torrido. Un'avventura indimenticabile, ma forse è meglio osservare la bellezza di Venere da lontano, attraverso le immagini inviate dalle sonde spaziali!

52. PULSAR E QUASAR

Hai mai sentito parlare di pulsar e quasar? Sono tra gli oggetti più affascinanti e misteriosi dell'universo, e scoprirli è un po' come trovare tesori nascosti nel cielo notturno.

Iniziamo con i pulsar. Immagina una stella che ha vissuto una vita lunghissima e alla fine è esplosa in una supernova, lasciando dietro di sé solo il nucleo, chiamato stella di neutroni. Ora, immagina che questa stella di neutroni giri su se stessa incredibilmente veloce, come un faro cosmico, emettendo onde radio nello spazio. Queste onde radio lampeggiano ogni volta che la stella punta verso di noi, proprio come il faro di un faro punta verso le navi in mare. Questi lampeggianti "fari cosmici" sono i pulsar, e sono così precisi nel loro lampeggiare che gli scienziati li usano come orologi cosmici!

Ora, voliamo più lontano nell'universo verso i quasar. I quasar sono come i fari dell'universo, solo che sono miliardi di volte più luminosi del Sole. Sono i nuclei super luminosi di galassie lontane, alimentati da buchi neri giganteschi al loro centro. Mentre il buco nero inghiotte materia dalla galassia, rilascia enormi quantità di energia, illuminando il quasar in modo che possiamo vederlo anche se è molto, molto lontano.

Pensare a pulsar e quasar è come immaginare

luoghi magici e lontani, pieni di luci lampeggianti e brillanti. Ci ricordano quanto sia vasto e pieno di meraviglie l'universo. Anche se non possiamo visitarli, ci fanno sognare e chiederci cosa altro c'è là fuori, aspettando di essere scoperto.

53. 300 000 000 DI TERRE

Hai mai guardato il cielo notturno e ti sei chiesto quanti di quei puntini luminosi potrebbero avere pianeti simili alla Terra, dove potrebbe esserci vita? Gli scienziati si pongono la stessa domanda e hanno iniziato a cercare risposte. E indovina un po'? Le possibilità sono davvero emozionanti!

Nella nostra galassia, la Via Lattea, ci sono stelle a bizzeffe, circa 400 miliardi, per essere precisi. E attorno a molte di queste stelle orbitano pianeti, proprio come i pianeti orbitano attorno al Sole nel nostro sistema solare. Gli scienziati stimano che ci possano essere più pianeti che stelle nella Via Lattea, il che significa che potrebbero esserci miliardi, se non addirittura trilioni, di pianeti solo nella nostra galassia!

Ma quanti di questi pianeti sono abitabili, cioè simili alla Terra e potenzialmente in grado di sostenere la vita? Beh, è qui che le cose diventano davvero interessanti. Gli scienziati usano potenti telescopi per cercare pianeti nella "zona abitabile" delle loro stelle, dove non è né troppo caldo né troppo freddo, ma giusto per avere acqua liquida, un ingrediente essenziale per la vita come la conosciamo.

Anche se è difficile dare un numero esatto, alcuni studi suggeriscono che potrebbe esserci almeno un pianeta abitabile per ogni x numero di stelle simili al Sole. Questo significa che potrebbero esserci circa 30000000 di potenziali Terre nella via lattea. Il numero di mondi abitabili nell'intero universo potrebbe dunque essere davvero sbalorditivo!

Quindi, la prossima volta che guardi il cielo notturno, ricorda che ognuna di quelle stelle potrebbe avere pianeti come la Terra, e chissà, magari su alcuni di quei pianeti c'è qualcuno che sta guardando indietro verso di noi, chiedendosi la stessa cosa. L'universo è un posto grande e meraviglioso, pieno di possibilità infinite!

54. GLIESE667C

C'è una stella lontana chiamata Gliese 667C. Questa stella è speciale perché ha un piccolo gruppo di pianeti che orbitano intorno a lei, e alcuni di questi pianeti sono davvero interessanti per noi che cerchiamo luoghi simili alla Terra nello spazio.

Gliese 667C si trova nella costellazione dello Scorpione e non è sola; fa parte di un sistema di tre stelle, quasi come se avesse due amiche stelle che brillano insieme a lei nel cielo. Ma ciò che rende Gliese

667C davvero speciale è che ha pianeti nella zona abitabile, il che significa che sono in un'area dove potrebbe esistere acqua liquida sulla superficie, un ingrediente chiave per la vita come la conosciamo.

Ora, immagina di avvicinarti a uno di questi pianeti. È un mondo roccioso, forse con oceani, nuvole e forse anche condizioni adatte per sostenere forme di vita. Gli scienziati sono particolarmente entusiasti di questi pianeti perché sono abbastanza vicini a noi, almeno in termini astronomici, a circa 22 anni luce di distanza. Questo significa che con i potenti telescopi possiamo studiare questi mondi e sognare di visitarli un giorno.

Uno dei pianeti intorno a Gliese 667C potrebbe avere un cielo rosso-arancione, a causa della sua stella madre che è più fredda e più rossa del nostro Sole. E se ci fossero piante, potrebbero avere colori diversi da quelli verdi della Terra, adattati per assorbire la luce della loro particolare stella.

Anche se per ora non possiamo visitare Gliese 667C e i suoi pianeti, ci piace immaginare come potrebbe essere la vita lì. Forse, in un lontano futuro, potremmo mandare sonde spaziali o addirittura astronauti per esplorare questi mondi che promettono di svelarci i segreti dell'universo.

55. QUANTE LUNE CI SONO NEL NOSTRO SISTEMA SOLARE?

Sapevi che la nostra non è l'unica luna nel sistema solare? Infatti ce ne sono molte altre! Preparati a un'avventura cosmica mentre scopriamo insieme il mondo affascinante delle lune!

Il nostro Sistema Solare è come una grande famiglia di pianeti, e quasi tutti hanno delle lune che li accompagnano, un po' come amici fedeli che li seguono ovunque vadano. La Terra, come sai, ha una sola luna, quella che illumina le nostre notti e crea le maree. Ma altri pianeti ne hanno molte di più!

Partiamo da Giove, il gigante gassoso, che detiene il record con ben 79 lune conosciute! È come se avesse una grande famiglia di lune che lo circondano. Alcune sono piccole come rocce spaziali, mentre altre sono grandi quasi quanto i pianeti, con oceani sotterranei o vulcani che eruttano zolfo.

Saturno, famoso per i suoi bellissimi anelli, non è da meno: ha 82 lune! Queste lune danzano tra e attorno agli anelli, creando uno spettacolo spaziale davvero mozzafiato.

Urano e Nettuno, i giganti di ghiaccio, hanno rispettivamente 27 e 14 lune. Alcune di queste lune sono coperte di ghiaccio e potrebbero nascondere oceani sotto la loro superficie gelata.

E che dire di Marte? Il Pianeta Rosso ha due piccole lune, Fobos e Deimos, che potrebbero essere asteroidi catturati dalla sua gravità.

In totale, se sommiamo tutte le lune dei pianeti del nostro Sistema Solare, arriviamo a un numero sorprendente di più di 200 lune! È incredibile pensare a quanti mondi misteriosi orbitano intorno ai pianeti della nostra famiglia solare.

Nello spazio, ci sono centinaia di lune, ognuna con la sua storia unica, che attendono di essere esplorate. Chi sa quali segreti nascondono?

56. TUTTE LE MISSIONI APOLLO

Viaggiare verso la Luna? Ci sono stati dei coraggiosi esploratori che hanno trasformato questo sogno in realtà! Questi avventurieri spaziali facevano parte delle missioni Apollo, una serie di viaggi spettacolari che hanno portato gli umani a passeggiare sulla Luna per la prima volta.

Le missioni Apollo sono state come una grande avventura cosmica, con ogni missione che scriveva un nuovo capitolo della storia dell'esplorazione spaziale. Iniziarono negli anni '60 e continuarono fino all'inizio degli anni '70, con l'obiettivo di portare gli astronauti sulla Luna e riportarli sani e salvi a casa sulla Terra.

Apollo 11 è la più famosa di tutte queste missioni. È stata la prima volta che gli esseri umani hanno messo piede sulla Luna. Immagina di essere Neil Armstrong o Buzz Aldrin, i primi due astronauti a camminare sulla Luna, guardando la Terra lontana nello spazio, un piccolo globo blu pieno di vita. Armstrong disse la famosa frase: "È un piccolo passo per un uomo, un gigantesco balzo per l'umanità". Questo momento è stato guardato da milioni di persone in tutto il mondo, tenendo il fiato sospeso davanti ai loro televisori.

Dopo Apollo 11, ci sono state altre missioni che hanno portato ancora più astronauti a esplorare diversi luoghi sulla Luna, raccogliendo rocce lunari e facendo esperimenti scientifici. Per esempio, Apollo 15 portò con sé un rover lunare, permettendo agli astronauti di viaggiare più lontano dall'atterraggio per esplorare di più.

In totale, ci sono state 17 missioni Apollo, e ogni una di esse ha aiutato a saperne di più sulla Luna e su come viaggiare nello spazio. Queste missioni hanno insegnato agli scienziati molte cose importanti e hanno ispirato generazioni di esploratori, sognatori e inventori.

Ricorda le incredibili avventure delle missioni Apollo e di come hanno portato l'umanità a fare passi da gigante nello spazio, trasformando i sogni in realtà.

57. UN MESSAGGIO PER GLI ALIENI

Hai mai voluto mandare una lettera a un amico che vive lontano? E se ti dicessi che gli scienziati hanno inviato un messaggio nello spazio sperando che venga letto da alieni? Questo messaggio speciale si chiama il Disco d'Oro delle Voyager, ed è come una capsula del tempo galattica piena di suoni e immagini della Terra.

Nel 1977, due navicelle spaziali chiamate Voyager 1 e Voyager 2 sono state lanciate nello spazio. Ognuna di esse porta un disco d'oro che contiene saluti in 55 lingue diverse, suoni della natura come il canto degli uccelli e il rumore del vento, musica da varie culture e periodi, e persino le foto della vita sulla Terra. Immagina di mettere su un disco la musica che più ti piace, una foto della tua famiglia o del tuo animale domestico, e poi di lanciarlo nello spazio sperando che qualcuno, in un lontano angolo dell'universo, lo trovi e impari qualcosa su di noi.

Questo disco d'oro è come un biglietto da visita dell'umanità, che dice a chiunque lo trovi: "Ciao, siamo qui sulla Terra! Questo è come suoniamo, così viviamo, e queste sono le meraviglie del nostro mondo". Gli scienziati sperano che, se ci sono altre forme di vita intelligente là fuori, questo disco possa insegnare loro qualcosa su di noi, anche se noi non saremo qui per incontrarli.

58. IL TRAMONTO BLU DI MARTE

Come sarebbe vedere il tramonto su un altro pianeta? Su Marte, il Pianeta Rosso, i tramonti sono davvero speciali e diversi da quelli sulla Terra. Lì, se ti sedessi su una roccia marziana a guardare il cielo, vedresti un magnifico tramonto blu!

Sulla Terra, i tramonti sono spesso arancioni, rossi o rosa perché la nostra atmosfera diffonde la luce solare, facendo risaltare questi colori caldi. Ma su Marte, le cose funzionano in modo un po' diverso. L'atmosfera marziana è molto sottile e piena di polvere fine che è perfetta per diffondere la luce blu invece di quella rossa. Quindi, quando il Sole tramonta su Marte, illumina il cielo con una bellissima luce blu.

Immagina di essere seduto su una duna di sabbia rossa, guardando il cielo che lentamente cambia colore. Mentre il Sole scende, il cielo intorno a te si tinge di blu, quasi come se qualcuno avesse acceso una luce blu soffusa sopra di te. Non ci sono nuvole paffute o cieli arancioni come sulla Terra, ma c'è una tranquillità e una bellezza nel vedere questo tramonto blu che ti fa sentire come se stessi assistendo a qualcosa di veramente magico.

Questo spettacolo celestiale blu ci ricorda quanto sia affascinante esplorare altri mondi e vedere come cose familiari, come il tramonto, possano apparire così diverse in un altro ambiente. I tramonti blu di Marte sono solo uno dei tanti segreti che il Pianeta Rosso ha in serbo per noi, e ci ispirano a continuare a esplorare e scoprire tutto ciò che l'universo ha da offrire.

La prossima volta che guardi il tramonto sulla Terra, immagina per un momento di essere su Marte, osservando il cielo tingersi di blu, e sognando le incredibili giornate che forse un giorno l'umanità potrà vivere sul pianeta rosso

59. PSYCHE

In questo grande e vasto universo, c'è un posto davvero straordinario che sembra uscito direttamente da un libro di avventure spaziali. Si chiama Psyche, ed è un asteroide che non somiglia a nessun altro che conosciamo. Immagina un gigantesco pezzo di metallo che galleggia nello spazio, luccicante e misterioso. Psyche è esattamente questo: si pensa che sia composto principalmente da ferro e nichel, proprio come il nucleo della Terra.

Ma perché è così speciale? Beh, gli scienziati pensano che Psyche possa essere il nucleo di un pianeta che non è riuscito a formarsi completamente, o forse i resti di un pianeta che è stato distrutto in un impatto gigantesco molto tempo fa. Visitare Psyche sarebbe come fare un viaggio indietro nel tempo, per vedere cosa c'è dentro un pianeta.

E c'è di più: alcuni pensano che Psyche potrebbe essere pieno di metalli preziosi come l'oro e il platino. Immagina di stare su un asteroide dove il terreno sotto i tuoi piedi potrebbe valere quadrilioni di dollari! Ma, più importante dei tesori che potrebbe nascondere, è ciò che Psyche può insegnarci sull'universo e sulla formazione dei pianeti.

La NASA ha in programma di mandare una missione su Psyche nel prossimo futuro. Questa missione spaziale si avvicinerà all'asteroide per studiarlo da vicino, aiutandoci a scoprire i suoi segreti. Non vediamo l'ora di sapere cosa troveranno!

60. IL SOLE INVERTE I POLI MAGNETICI

Il Sole, quella grande palla di fuoco nel cielo che illumina le nostre giornate, ha un segreto molto interessante: ogni undici anni circa, i suoi poli magnetici si invertono! Questo significa che il polo nord magnetico diventa il polo sud, e il polo sud diventa il nord. È come se il Sole decidesse di fare un trucco magico proprio davanti ai nostri occhi.

Ma perché succede questo? Il Sole è una sfera gigante di gas caldissimo, e all'interno si muove in modi complessi, creando quello che gli scienziati chiamano "campo magnetico". Questo campo magnetico è molto importante perché influisce su tutto ciò che accade sul Sole, comprese le tempeste solari che possono mandare particelle energetiche verso la Terra.

L'inversione dei poli magnetici del Sole è parte di un ciclo naturale chiamato "ciclo solare", e quando accade, può causare alcuni cambiamenti nello spazio intorno a noi. Per esempio, può influenzare le aurore boreali, quelle bellissime luci colorate che a volte vediamo nel cielo notturno, rendendole più frequenti e spettacolari.

Anche se l'idea di un gigante di fuoco che cambia i suoi poli magnetici può sembrare un po' inquietante, è tutto parte del normale comportamento del Sole. E non c'è bisogno di preoccuparsi: gli scienziati tengono d'occhio il Sole per noi, assicurandosi che i suoi trucchi magici non ci causino problemi.

61. DIAMANTI NELLO SPAZIO

Ti piacerebbe trovare un diamante gigante? Può sembrare una favola, ma in realtà, c'è un posto nell'universo dove questo sogno diventa realtà. Parliamo delle nane bianche che si trasformano in diamanti!

Le nane bianche sono stelle che hanno finito il loro carburante e hanno smesso di brillare come facevano prima. Sono il destino finale di stelle come il nostro Sole, dopo che hanno esaurito tutto il loro idrogeno e hanno attraversato una fase di gigante rossa. Ora, immagina una stella che è diventata così densa e fredda che il suo cuore inizia a cristallizzarsi, trasformandosi in un diamante gigante che galleggia nello spazio.

Questo processo non avviene da un giorno all'altro. Ci vogliono miliardi di anni perché una nana bianca si raffreddi abbastanza da trasformarsi in diamante. Ma la parte affascinante è che il nucleo di queste stelle può essere composto principalmente da carbonio. Sotto la pressione incredibile all'interno della stella, questo carbonio può cristallizzarsi, formando una struttura simile a quella del diamante che conosciamo sulla Terra.

Non stiamo parlando di piccoli diamanti come quelli nelle gioiellerie, ma di diamanti grandi quanto la Terra o addirittura più grandi! Pensa solo a quanto sarebbe brillante e bello un diamante così gigantesco, se solo potessimo vederlo da vicino.

Anche se per ora non possiamo andare nello spazio e portare a casa un pezzo di stella diamante, questa idea ci fa capire quanto sia sorprendente l'universo. Le stelle non solo illuminano il cielo notturno, ma possono anche trasformarsi in alcuni dei materiali più preziosi conosciuti dall'uomo, raccontandoci storie incredibili sulla vita, la morte e la trasformazione nello spazio cosmico.

62. COME SI FORMANO GLI ANELLI DI UN PIANETA

Ti sei mai chiesto come ha fatto Saturno a ottenere quegli anelli spettacolari che lo circondano? Non è l'unico pianeta ad avere anelli, ma i suoi sono sicuramente i più famosi. La formazione degli anelli di un pianeta è una storia affascinante di spazio, ghiaccio e roccia!

Gli anelli di un pianeta si formano da polvere, rocce e pezzi di ghiaccio che danzano nello spazio attorno al pianeta. Questi materiali provengono da lune che sono state distrutte da impatti con asteroidi o comete, o che sono state tirate a pezzi dalla forte gravità del pianeta. Immagina una palla di neve che si disfa mentre la lanci, e i pezzi che volano via iniziano a orbitare intorno a te. È un po' così che si formano gli anelli.

Quando questi frammenti di roccia e ghiaccio si raccolgono nello spazio intorno al pianeta, la loro danza comincia. Sono tenuti insieme dalla forza di gravità del pianeta, ma non sono abbastanza vicini da unirsi e formare una luna. Invece, restano sparsi, creando un anello o più anelli che circondano il pianeta.

Questi anelli possono sembrare solidi da lontano, ma se ti avvicinassi, vedresti che sono composti da tanti piccoli pezzi che orbitano insieme. Alcuni pezzi sono piccoli come un granello di sabbia, mentre altri possono essere grandi come una montagna!

La bellezza degli anelli planetari ci ricorda quanto sia dinamico e sorprendente l'universo. Ogni anello racconta la storia di ciò che è accaduto intorno a quel pianeta: collisioni cosmiche, forze gravitazionali e il balletto eterno di roccia e ghiaccio nello spazio.

63. COM'ERA MARTE UN TEMPO?

Com'era Marte un tempo? Oggi, Marte è un mondo freddo e desertico, ma non è sempre stato così. Un tempo, il Pianeta Rosso era molto diverso da come lo vediamo oggi.

Immagina di fare un viaggio indietro nel tempo, a miliardi di anni fa. Marte era un luogo caldo e accogliente, con vasti oceani blu che coprivano gran parte della sua superficie. C'erano fiumi che serpeggiavano attraverso paesaggi variopinti, creando valli e gole, proprio come quelli che possiamo trovare sulla Terra.

Il cielo su Marte era probabilmente più spesso e più azzurro di quello che vediamo oggi, con nuvole che vagavano liberamente. Questo cielo proteggeva il pianeta, trattenendo il calore e rendendo possibile l'esistenza dell'acqua liquida - l'ingrediente chiave per la vita come la conosciamo.

Gli scienziati pensano che, in questo ambiente caldo e umido, potrebbero essere esistite forme di vita microbica. Questi piccoli esseri viventi avrebbero potuto nuotare negli oceani di Marte o vivere nel terreno umido, simili ai batteri che troviamo sulla Terra.

Ma cosa è successo a trasformare Marte nel deserto freddo che conosciamo oggi? Bene, nel corso di milioni di anni, l'atmosfera di Marte ha iniziato a sfuggire nello spazio. Senza una spessa atmosfera per trattenere il calore, la temperatura è scesa, facendo gelare l'acqua e trasformando i fiumi e gli oceani in ghiaccio.

Anche se Marte oggi sembra un posto molto diverso, i segni del suo passato umido e caldo sono ancora lì, nascosti sotto la superficie o nei canali asciutti che una volta portavano acqua. Questo ci ricorda che i pianeti, proprio come le persone, hanno le loro storie di cambiamento e trasformazione.

Un tempo, era un luogo pieno di vita e di possibilità, un ricordo di come i pianeti possano cambiare nel corso del tempo.

64. UNO SCONTRO INEVITABILE

Ci sono due giganti cosmici in lenta danza avvicinarsi uno all'altro fino a scontrarsi? Questa non è solo fantasia, ma una realtà futura per la nostra galassia, la Via Lattea, e la sua vicina, Andromeda. Queste due galassie sono come enormi isole stellari nello spazio, e stanno viaggiando una verso l'altra a una velocità di circa 400.000 chilometri all'ora!

Ma non preoccuparti, questo incontro cosmico non avverrà per altri 4 miliardi di anni. Quando succederà, sarà uno spettacolo davvero straordinario. Immagina il cielo notturno che si illumina con nuove stelle mentre la Via Lattea e Andromeda iniziano lentamente a fondersi.

Potresti pensare che sia un po' spaventoso, due galassie che si scontrano, ma in realtà, le stelle all'interno di queste galassie sono così lontane tra loro che è improbabile che si scontrino direttamente. Invece, le galassie si intrecceranno in una nuova, più grande galassia. Gli scienziati hanno persino dato un nome a questa futura galassia gigante: "Milkomeda" o "Lactomeda".

Durante questo incredibile evento, nuove stelle nasceranno dall'unione delle nubi di gas delle due galassie, e lo spettacolo di luce e colore sarà qualcosa che nessuno ha mai visto prima. Il nostro sistema solare potrebbe essere spinto in una nuova posizione all'interno della nuova galassia, dandoci una vista completamente diversa dell'universo.

Anche se lo scontro tra la Via Lattea e Andromeda suona come qualcosa di drammatico, sarà un processo lento e stupendo che mostra quanto sia dinamico e sempre in cambiamento l'universo. E chi sa? Forse futuri esploratori spaziali potranno assistere a questo evento e raccontare la storia di due galassie che diventano una, in un'epica fusione cosmica.

65. IL POSTO PIÚ FREDDO DELL'UNIVERSO

Hai mai sentito così freddo da desiderare di essere ovunque, purché ci sia caldo? Bene, c'è un posto nell'universo dove è così freddo che il nostro inverno più gelido sembrerebbe una giornata estiva in confronto! Questo posto si chiama OGLE-2005-BLG-390Lb, ed è conosciuto come il mondo più freddo scoperto dagli astronomi.

OGLE-2005-BLG-390Lb è un pianeta molto, molto lontano da noi, a circa 20.000 anni luce di distanza nella nostra galassia, la Via Lattea. È un tipo di pianeta chiamato "esopianeta", il che significa che orbita attorno a una stella che non è il nostro Sole.

Ma cosa lo rende così freddo? Bene, questo pianeta è molto lontano dalla sua stella, molto più lontano di quanto la Terra sia dal Sole.

Questo significa che riceve solo una piccolissima frazione di luce e calore. La temperatura su OGLE-2005-BLG-390Lb può scendere fino a meno 220 gradi Celsius! A quella temperatura, persino l'aria che respiriamo si congelerebbe.

Puoi immaginare di indossare il cappotto più pesante che hai, ma scoprire che non è abbastanza per tenerti caldo su questo pianeta gelido. In realtà, non ci sono sciarpe o guanti che potrebbero proteggerti dal freddo estremo di OGLE-2005-BLG-390Lb.

Nonostante il suo ambiente inospitaliero, gli scienziati sono entusiasti di studiare posti come OGLE-2005-BLG-390Lb perché ci aiutano a capire meglio l'incredibile varietà di mondi che esistono nel nostro universo. Ogni pianeta ha la sua storia unica da raccontare, anche quelli che sono troppo freddi per ospitare vita come la conosciamo.

66. MARGARET HAMILTON

Immagina di essere una supereroina del computer, capace di scrivere codici che possono mandare gli astronauti sulla Luna e riportarli a casa sani e salvi. Questa supereroina esiste davvero, e il suo nome è Margaret Hamilton.

Negli anni '60, quando i computer erano grandi come stanze e non sapevamo quasi nulla sul viaggiare nello spazio, Margaret ha lavorato con la NASA per creare il software che avrebbe guidato le missioni Apollo fino alla Luna. Era un compito enorme! Immagina di dover scrivere istruzioni per un computer che deve funzionare perfettamente in un ambiente dove nessuno era mai stato prima.

Margaret era incredibilmente brava nel suo lavoro. Ha guidato una squadra che ha scritto il codice per il sistema di navigazione e pilota automatico degli astronauti delle missioni Apollo. E il suo lavoro non era solo scrivere codici, ma assicurarsi anche che funzionassero in ogni possibile situazione, anche quelle che nessuno poteva prevedere.

Una delle cose più incredibili che Margaret e la sua squadra hanno fatto è stata salvare l'Apollo 11, la missione che ha portato per la prima volta l'uomo sulla Luna. Quando l'allunaggio stava per avvenire, il computer di bordo ha iniziato a ricevere troppi dati e rischiava di bloccarsi. Ma grazie al software creato da Margaret, il computer è stato in grado di distinguere quali dati erano importanti e quali potevano essere ignorati, permettendo agli astronauti di atterrare in sicurezza.

Margaret Hamilton non solo ha aiutato a portare l'uomo sulla Luna, ma ha anche ispirato generazioni di ragazze e ragazzi a sognare in grande e a inseguire le stelle. La sua storia ci insegna che con passione, dedizione e un po' di genialità, possiamo raggiungere obiettivi che sembrano impossibili.

67. PICCOLI COME NEUTRINI

Hai mai sentito parlare dei piccoli neutrini? Sono come minuscole particelle invisibili che viaggiano nello spazio a velocità incredibili, e la cosa sorprendente è che passano attraverso di noi tutto il tempo senza che ce ne accorgiamo!

I neutrini sono così piccoli che non hanno quasi massa e non si curano molto della materia. Immagina di essere un fantasma che può passare attraverso le pareti senza fermarsi; i neutrini sono un po' così. Nascono in posti super energetici come il Sole, dove milioni di reazioni avvengono ogni secondo, e poi viaggiano attraverso l'universo, passando attraverso pianeti, stelle e persino te!

Anche se sono così piccoli e sfuggenti, i neutrini sono davvero importanti per gli scienziati. Studiarli può aiutarci a scoprire segreti dell'universo che altrimenti resterebbero nascosti. Per esempio, guardando i neutrini che arrivano dal Sole, gli scienziati possono capire cosa sta succedendo nel suo cuore caldo e luminoso.

Catturare i neutrini, però, non è facile. Gli scienziati hanno dovuto costruire laboratori speciali molto profondi sotto terra o sotto il ghiaccio per "vedere" i neutrini senza che le altre particelle li disturbino. Questi laboratori hanno rivelatori giganti che aspettano pazientemente che un neutrino interagisca con loro, un po' come pescare nel mare più grande e scuro che puoi immaginare, cercando di catturare il pesce più scivoloso di tutti.

Anche se non possiamo vederli o sentirli, i neutrini sono un promemoria affascinante di quanto sia misterioso e meraviglioso l'universo. Ci ricordano che ci sono ancora tantissime cose incredibili da scoprire, tutte nascoste nella vastità dello spazio. E chissà quali altri segreti ci sveleranno i piccoli neutrini nel loro viaggio attraverso l'universo?

68. L'OCCHIO DI MIMAS

Hai mai visto i film di "Guerre Stellari"? Se sì, ti ricorderai sicuramente della Morte Nera, quella gigantesca stazione spaziale a forma di luna che può distruggere interi pianeti con il suo superlaser. Ora, immagina di scoprire che nel nostro Sistema Solare c'è una luna che assomiglia molto alla Morte Nera. Questa luna si chiama Mimas ed è una delle lune di Saturno.

Mimas è piccola se confrontata con altre lune, ma ha una caratteristica che la rende unica: un enorme cratere chiamato Herschel che le dà un aspetto molto simile alla Morte Nera. Il cratere è così grande rispetto alle dimensioni di Mimas che sembra quasi che la luna possa esplodere sotto l'impatto, proprio come quando Luke Skywalker colpisce il punto debole della Morte Nera.

Ma non preoccuparti, Mimas è molto pacifica. Invece di essere una stazione spaziale armata fino ai denti, è un freddo mondo di ghiaccio e roccia che orbita tranquillamente attorno a Saturno. Mimas è piena di crateri e ha una superficie ghiacciata che riflette la luce del Sole, rendendola una delle lune più brillanti di Saturno.

Gli scienziati studiano Mimas e altre lune per capire meglio come si sono formate e cosa ci possono dire sui pianeti a cui appartengono. Anche se Mimas non ha superlaser o stormtrooper, la sua somiglianza con la Morte Nera ci fa sorridere e sognare di galassie lontane, lontane.

La prossima volta che alzi gli occhi al cielo notturno, ricorda che lassù, intorno a Saturno, c'è una piccola luna che potrebbe facilmente essere scambiata per una stazione spaziale in un film di fantascienza. E chi sa? Forse Mimas ha anche lei le sue storie avventurose da raccontare.

69. PILASTRI DELLA CREAZIONE

Sapevi che è possibile vedere il luogo dove nascono le stelle? Esiste davvero un posto così magico, ed è conosciuto come i "Pilastri della Creazione". Questi giganteschi pilastri di gas e polvere si trovano in una lontana nebulosa chiamata Nebulosa Aquila, a circa 7.000 anni luce di distanza dalla Terra.

I Pilastri della Creazione sono alti come montagne gigantesche nello spazio, e al loro interno accadono cose meravigliose. Il gas e la polvere si uniscono sotto l'effetto della gravità, diventando sempre più densi e caldi, fino a quando non nasce una nuova stella! È come se queste enormi colonne fossero delle nursery cosmiche dove le stelle iniziano la loro vita.

Quando gli astronomi hanno puntato il Telescopio Spaziale Hubble verso i Pilastri della Creazione, hanno scattato una delle fotografie più spettacolari e famose dello spazio profondo. Nell'immagine, i pilastri appaiono illuminati da una luce soffusa, con toni che vanno dal viola al rosa e all'arancione, quasi come un'opera d'arte dipinta dalle stelle.

Ma i Pilastri non sono solo belli da vedere; sono anche molto importanti per gli scienziati. Studiandoli, possiamo imparare di più su come si formano le stelle e su come le galassie come la nostra sono diventate quello che sono oggi.

Anche se i Pilastri della Creazione sono lontani e potremmo mai visitarli di persona, le immagini e i dati che ci mandano ci permettono di esplorare l'universo in modi che un tempo potevamo solo sognare.

70. GEYSER SU ENCELADO

E poi c'è Encelado, una delle lune ghiacciate di Saturno, dove ti aspetta una sorpresa spettacolare: i geyser! Sì, proprio come i geyser che eruttano acqua calda qui sulla Terra, ma questi sono nello spazio e sparano vapore d'acqua e particelle di ghiaccio nello spazio profondo!

Encelado è un piccolo mondo di ghiaccio che nasconde un grande segreto sotto la sua superficie: un oceano d'acqua liquida. E proprio come una pentola d'acqua che bolle sul fuoco, questo oceano riscalda e spinge l'acqua verso l'alto, fino a quando non trova una via d'uscita attraverso crepe nella crosta ghiacciata del pianeta. Questa acqua poi esplode nello spazio, creando magnifici geyser.

Questi geyser sono davvero unici perché ci danno preziose informazioni sull'oceano nascosto sotto la superficie di Encelado. Gli scienziati sono entusiasti di questo perché, dove c'è acqua, potrebbe esserci la possibilità di vita. Anche se sarebbe una vita microscopica, sarebbe comunque una scoperta incredibile.

Le immagini e i dati raccolti dalle sonde spaziali ci hanno mostrato che questi geyser possono raggiungere altezze impressionanti, sparando materiale fino a centinaia di chilometri nello spazio. E questa materia non si perde nello spazio profondo; in realtà, alimenta uno degli anelli di Saturno, aggiungendo una connessione sorprendente tra il pianeta e la sua piccola luna.

Immagina di stare su Encelado e guardare questi geyser sparare getti d'acqua verso il cielo stellato, con l'immenso Saturno che si erge all'orizzonte. Sarebbe uno spettacolo mozzafiato e un ricordo del fatto che, anche nei luoghi più freddi e lontani del nostro sistema solare, l'universo è pieno di meraviglie e segreti che aspettano solo di essere scoperti.

71. ONDE GRAVITAZIONALI

Hai mai saltato su un trampolino e notato come le tue mosse creano onde che si diffondono attraverso la sua lunghezza? Bene, l'universo ha la sua versione di queste onde, chiamate onde gravitazionali, ed è una delle cose più affascinanti che gli scienziati hanno scoperto!

Le onde gravitazionali sono come increspature che si diffondono nello spazio-tempo, la stoffa stessa dell'universo. Immagina lo spazio-tempo come un grande lenzuolo steso: se qualcosa di molto pesante, come due stelle gigantesche o buchi neri, iniziasse a muoversi o a scontrarsi, creerebbe onde, proprio come un sasso lanciato in uno stagno.

Queste onde viaggiano attraverso l'universo a una velocità incredibile, la velocità della luce! E la cosa straordinaria è che possono dirci storie di eventi cosmici avvenuti milioni o addirittura miliardi di anni fa, come la fusione di buchi neri giganti o l'esplosione di stelle supermassicce.

Per molto tempo, gli scienziati non sapevano se queste onde gravitazionali fossero reali o solo parte delle teorie di Albert Einstein sulla gravità. Ma poi, hanno costruito alcuni strumenti super sensibili che possono "ascoltare" queste onde nello spazio. E indovina un po'? Hanno davvero sentito le onde gravitazionali, confermando che Einstein aveva ragione!

Studiare le onde gravitazionali è come avere un nuovo superpotere che ci permette di scoprire segreti dell'universo che non potremmo mai vedere solo con i telescopi. Ci danno un modo completamente nuovo di esplorare lo spazio, aiutandoci a capire meglio come nascono le galassie, le stelle e forse anche a risolvere altri misteri cosmici.

72. COME I TELESCOPI CI PERMETTONO DI VEDERE NEL PASSATO

Hai mai desiderato di avere una macchina del tempo per vedere cosa è successo nel passato? Anche se sembra fantascienza, abbiamo qualcosa di molto simile qui sulla Terra, e si chiama telescopio!

Quando usiamo un telescopio per guardare le stelle, i pianeti e le galassie lontane, stiamo in realtà guardando indietro nel tempo. Questo perché la luce ha bisogno di tempo per viaggiare dallo spazio fino a noi. Ad esempio, la luce del Sole impiega circa 8 minuti per raggiungere la Terra, quindi quando guardiamo il Sole, stiamo vedendo come era 8 minuti fa.

Ma il viaggio nel tempo diventa ancora più incredibile quando guardiamo oggetti molto più lontani. Alcune stelle e galassie sono così distanti che la loro luce ha impiegato milioni o addirittura miliardi di anni per arrivare fino a noi. Questo significa che, guardandole attraverso un telescopio, possiamo vedere come erano molto tempo fa, in un'epoca in cui la Terra nemmeno esisteva!

Gli astronomi usano telescopi potenti per osservare questi antichi fasci di luce, permettendoci di scoprire come si sono formate le stelle e le galassie e come l'universo è cambiato nel corso del tempo. È come avere una finestra che si affaccia direttamente sul passato dell'universo, dandoci indizi su come tutto è iniziato.

Quindi, ogni volta che guardi il cielo notturno attraverso un telescopio, ricorda che non stai solo esplorando lo spazio, ma stai anche facendo un viaggio nel tempo, vedendo la luce che ha viaggiato attraverso l'universo per mostrarti una storia antica e meravigliosa. E chi sa quali segreti del passato stellare potremo ancora scoprire?

73. TERRA VS SATURNO

Immagina di avere un palloncino blu, che rappresenta la Terra, e un gigantesco pallone da spiaggia decorato con bellissimi anelli, che rappresenta Saturno. Se li mettessi uno accanto all'altro, noteresti subito quanto sia grande Saturno rispetto alla nostra piccola Terra!

La Terra, il nostro pianeta, è come una casa accogliente per noi tutti. Ha montagne, oceani, foreste e deserti, e misura circa 12.742 chilometri di diametro. È abbastanza grande da avere spazio per miliardi di persone, animali e piante.

Ora, pensa a Saturno, il signore degli anelli del nostro Sistema Solare. Saturno è enorme! Il suo diametro è circa 9 volte quello della Terra, misurando più di 116.000 chilometri. Se la Terra fosse grande quanto un palloncino, Saturno sarebbe grande quanto un enorme pallone da spiaggia. E gli anelli? Se potessi metterli intorno alla Terra, si estenderebbero fino quasi alla Luna!

Ma c'è di più: se potessimo mettere la Terra e Saturno in una vasca da bagno gigante (immagina solo!), scopriremmo che Saturno è l'unico pianeta del nostro Sistema Solare che galleggia. Questo perché è fatto principalmente di gas, principalmente idrogeno ed elio, rendendolo molto meno denso dell'acqua.

Immaginare la differenza di dimensioni tra la Terra e Saturno ci aiuta a capire quanto siamo piccoli rispetto all'immensità dell'universo. Eppure, anche se la Terra sembra piccola accanto a giganti come Saturno, è incredibilmente speciale perché è il nostro unico e prezioso hogar nel vasto spazio cosmico.

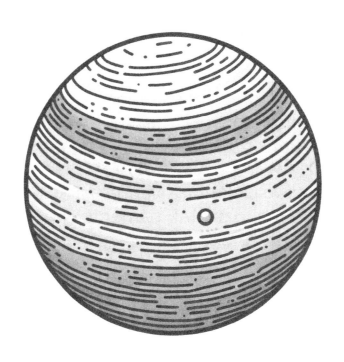

74. NETTUNO IL PIANETA LENTO

Quanto può essere lento o veloce un giorno su un altro pianeta? Su Nettuno, uno dei nostri vicini nel Sistema Solare, le cose sono davvero lente, ma in un modo un po' diverso da quello che potresti immaginare.

Nettuno è l'ottavo pianeta dal Sole, un gigante di gas blu molto lontano da noi. Una delle cose più interessanti di Nettuno è quanto tempo impiega per fare un giro completo intorno al Sole: un anno su Nettuno dura circa 165 anni terrestri! Quindi, se vivessi su Nettuno, dovresti aspettare molto, molto tempo per festeggiare il tuo primo compleanno.

Ma c'è un'altra lentezza su Nettuno che potrebbe sorprenderti. Anche se un anno là è super lungo, un giorno, o il tempo che impiega Nettuno per fare un giro completo su se stesso, è piuttosto breve. Nettuno ruota molto velocemente, completando una rotazione in meno di 16 ore. Questo significa che, se stessi su Nettuno, vedresti il Sole sorgere e tramontare molto più rapidamente che sulla Terra.

Anche se Nettuno sembra pigro nel suo lungo viaggio intorno al Sole, in realtà è piuttosto veloce quando si tratta di girare intorno al suo asse. Questa combinazione di una rotazione veloce e di un'orbita lenta fa di Nettuno un mondo di estremi, dove il tempo ha un significato molto diverso da quello a cui siamo abituati qui sulla Terra.

Pensare alla lentezza di Nettuno ci fa riflettere su quanto sia vario e sorprendente il nostro Sistema Solare. Ogni pianeta ha le sue peculiarità che lo rendono unico, e Nettuno, con i suoi anni lunghissimi e i suoi giorni brevi, è certamente uno dei più affascinanti.

75. PERCHÈ I PIANETI GIRANO INTORNO ALLE STELLE

Hai mai visto un carosello in un parco giochi? I cavalli e le carrozze girano intorno al centro grazie a una forza che li tiene attaccati al carosello. Bene, qualcosa di simile accade nello spazio con i pianeti e le stelle!

I pianeti girano intorno alle stelle, come la Terra gira intorno al Sole, per una ragione molto speciale chiamata "gravità". La gravità è come una forza invisibile che tira insieme tutte le cose nello spazio. Puoi immaginarla come una corda invisibile che collega i pianeti alle loro stelle, tirandoli costantemente verso di loro.

Ma se la gravità tira i pianeti verso le stelle, perché non si schiantano semplicemente contro di esse? Ecco dove entra in gioco qualcosa di chiamato "moto orbitale". Quando un pianeta si forma, inizia a muoversi nello spazio. La gravità della stella tira il pianeta verso di sé, ma perché il pianeta si sta già muovendo, non cade direttamente sulla stella. Invece, inizia a girare attorno ad essa, un po' come quando fai roteare una palla attaccata a una corda attorno a te.

Quindi, i pianeti continuano a girare intorno alle loro stelle perché la gravità li tiene vicini, ma il loro movimento li mantiene in una bella orbita circolare o quasi circolare, invece di cadere direttamente sulle stelle. Questo ballo cosmico tra stelle e pianeti è ciò che mantiene il nostro Sistema Solare e altri sistemi stellari insieme, permettendo ai pianeti di avere notti e giorni, stagioni, e in alcuni casi, condizioni adatte alla vita.

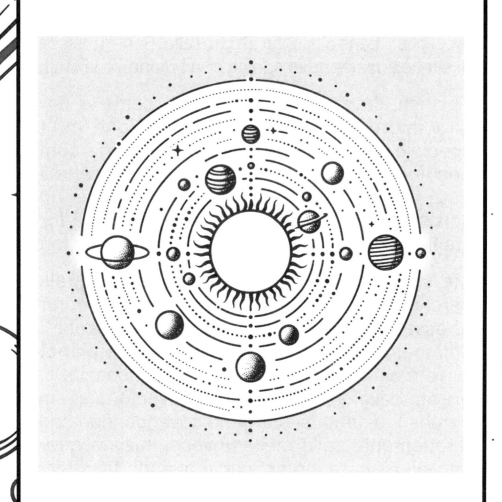

76. COME SI È FORMATO IL SISTEMA SOLARE

Pensa di avere davanti a te una gigantesca nuvola di gas e polvere cosmica, che fluttua tranquillamente nello spazio. Questa nuvola, chiamata nebulosa, è l'inizio di una storia incredibile, la storia di come si è formato il nostro Sistema Solare!

Circa 4,6 miliardi di anni fa, qualcosa di straordinario è accaduto a questa nuvola. Forse una vicina esplosione di una stella, chiamata supernova, ha inviato onde d'urto attraverso la nebulosa, facendola collassare su se stessa. Mentre la nuvola si comprimeva, iniziava a girare, un po' come l'acqua che scende nello scarico della vasca da bagno.

Al centro di questa nuvola che collassava, il materiale iniziava ad accumularsi e riscaldarsi, formando una sfera incandescente. Questa sfera è diventata il nostro Sole, una stella che ora illumina i nostri giorni. Intorno al neonato Sole, il resto della materia nella nuvola ha continuato a ruotare, iniziando a unirsi in grumi più grandi, come se stessero facendo delle grandi palle di neve cosmiche.

Queste "palle di neve" hanno continuato a crescere, attirando a sé più materiale con la loro gravità, e piano piano si sono trasformate nei pianeti, compresa la nostra Terra, le lune, gli asteroidi e comete, creando il nostro Sistema Solare.

Ogni pianeta ha preso forma in modo un po' diverso, a seconda di quanto materiale era disponibile e di quanto vicino o lontano si trovava dal Sole. Alcuni, come la Terra, sono diventati mondi rocciosi. Altri, come Giove e Saturno, sono diventati giganti gassosi.

Tu, io, e tutto ciò che vediamo intorno a noi, siamo fatti della stessa polvere di stelle, nati dalla stessa incredibile nuvola cosmica che ha dato vita al nostro Sistema Solare. E questa è davvero una storia spettacolare!

77. COSA SUCCEDEREBBE AD UN CORPO UMANO NELLO SPAZIO

Quando pensi ad un astronauta fluttuare nello spazio con la sua tuta spaziale ti sei chiesto perché ne ha bisogno, vero? Beh, lo spazio è un posto molto diverso dalla Terra, e la tuta spaziale è come un super-costume che protegge gli astronauti da un ambiente che altrimenti sarebbe molto pericoloso per loro.

Se un astronauta uscisse nello spazio senza tuta spaziale, succederebbero un sacco di cose molto rapidamente, e nessuna di esse sarebbe piacevole. Primo, lo spazio è estremamente freddo e non c'è aria da respirare. Senza la tuta, un astronauta non avrebbe ossigeno, il che significa che non potrebbe respirare.

Inoltre, nello spazio non c'è pressione dell'aria come sulla Terra. Questo significa che i fluidi nel corpo umano inizierebbero a "bollire" a causa della bassa pressione, anche se la temperatura è fredda. Sembra strano, vero? Ma è proprio così che funziona la fisica nello spazio!

Un altro problema è la radiazione solare. Sulla Terra, l'atmosfera ci protegge da molte radiazioni nocive provenienti dal Sole. Ma nello spazio, senza la protezione di una tuta spaziale, queste radiazioni potrebbero essere molto pericolose.

Infine, ci sono i micrometeoriti, piccolissimi frammenti di roccia che viaggiano a velocità altissime nello spazio. Anche uno piccolissimo potrebbe causare gravi danni se colpisse un astronauta senza tuta.

La tuta spaziale funziona quindi come uno scudo, proteggendo gli astronauti da tutti questi pericoli. È come avere la propria mini navicella spaziale personale, completa di aria da respirare, protezione dal freddo e dalla radiazione, e un modo per rimanere al sicuro dai micrometeoriti.

78. LA COMETA DI HALLEY

Hai mai sentito parlare della Cometa di Halley? È una delle comete più famose del nostro cielo e ha una storia davvero speciale da raccontare. La Cometa di Halley è come un visitatore cosmico che passa a salutarci ogni 76 anni, facendo un lungo viaggio attraverso il nostro sistema solare.

La Cometa di Halley è facilmente riconoscibile dalla sua brillante coda di gas e polvere che si illumina quando si avvicina al Sole. Questa coda si forma perché il calore del Sole fa evaporare il ghiaccio e la polvere dalla superficie della cometa, creando uno spettacolo luminoso nel cielo notturno.

Edmond Halley, un famoso astronomo, fu la prima persona a prevedere il ritorno della cometa nel 1758, e da allora prende il suo nome. Halley scoprì che questa cometa aveva già visitato la Terra molte volte nel passato e calcolò che avrebbe continuato a farlo nel futuro.

Immagina di segnare sul tuo calendario il ritorno di un amico che vive lontano e sapere esattamente quando tornerà a trovarti. È più o meno quello che fece Halley con la sua cometa!

La Cometa di Halley è stata testimone di molti eventi importanti nella storia umana. Ogni volta che è apparsa, le persone hanno guardato in su, meravigliate dallo spettacolo che attraversava il cielo. È stata fonte di ispirazione per storie, poesie e anche quadri famosi.

L'ultima volta che la Cometa di Halley è passata vicino alla Terra è stata nel 1986, e tornerà a farci visita nel 2061. Anche se potrebbe sembrare molto tempo, il suo ritorno è sempre un evento emozionante per gli astronomi e gli appassionati del cielo di tutto il mondo.

Quando, la prossima volta che guardi le stelle, ricorda che c'è una cometa speciale che fa il giro del nostro sistema solare e che, come un vecchio amico, torna a trovarci di tanto in tanto. La Cometa di Halley è davvero una meraviglia del nostro universo!

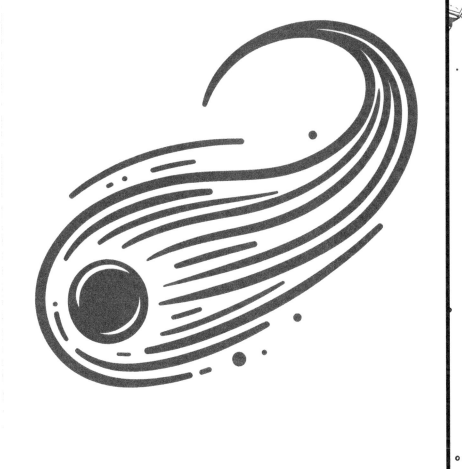

79. CHE PROVE ABBIAMO A SOSTEGNO DEL BIG BANG

Abbiamo già parlato del Big Bang nella pagine di questo libro. È una teoria affascinante che spiega come è iniziato l'universo, circa 13,8 miliardi di anni fa. Non è come un'esplosione di fuochi d'artificio, ma più come l'inizio di un'enorme espansione che ha fatto sì che tutto lo spazio, il tempo, le stelle e i pianeti cominciassero a esistere. Ma come fanno gli scienziati a sapere che è davvero successo? Ci sono alcune prove molto interessanti!

1. L'Espansione dell'Universo: Gli astronomi hanno scoperto che le galassie si stanno allontanando l'una dall'altra. Questo significa che l'universo si sta espandendo. È un po' come quando vedi palloncini che si allontanano mentre volano via. Questa espansione è una grande pista che ci riporta indietro nel tempo, fino al momento in cui tutto era racchiuso in un puntino incredibilmente piccolo prima del Big Bang.

2. La Radiazione Cosmica di Fondo: Questa è come l'eco del Big Bang, un debole bagliore di luce lasciato dall'inizio dell'universo. Gli scienziati possono misurare questa luce con strumenti speciali, ed è come ascoltare la musica dell'universo poco dopo il suo inizio. È una prova molto forte che il Big Bang è davvero accaduto.

3. L'Abbondanza degli Elementi Leggeri: Dopo il Big Bang, l'universo ha iniziato a raffreddarsi, permettendo la formazione dei primi elementi, come idrogeno ed elio. Gli scienziati hanno calcolato quanta quantità di questi elementi doveva esserci, e indovina un po'? Le loro misurazioni corrispondono a quello che vedono nello spazio!

Queste prove ci aiutano a capire meglio l'inizio del nostro universo. È come essere dei detective cosmici, mettendo insieme gli indizi per risolvere uno dei misteri più grandi di tutti i tempi. E anche se non possiamo viaggiare indietro nel tempo per vedere il Big Bang con i nostri occhi, possiamo sentirci piuttosto sicuri che è davvero accaduto, grazie a tutte queste prove spaziali!

80. OGGETTI LASCIATI SULLA LUNA

Ti è capitato di dimenticare i tuoi giocattoli nel parco o in giardino, vero? Bene, gli astronauti che hanno visitato la Luna hanno lasciato là alcune cose davvero interessanti, quasi come se la Luna fosse diventata un piccolo museo delle visite umane!

Quando gli astronauta delle missioni Apollo hanno camminato sulla Luna, non hanno solo portato con sé attrezzature scientifiche e bandiere, ma hanno anche lasciato dietro di loro oggetti che raccontano storie affascinanti.

Per esempio, c'è un famoso disco che contiene messaggi di pace da leader di tutto il mondo, lasciato lì per chiunque, o qualsiasi cosa, che possa trovarlo in futuro. Immagina un messaggio in bottiglia, ma per l'intero universo!

Gli astronauti hanno anche lasciato attrezzature scientifiche speciali, come specchi che riflettono i laser mandati dalla Terra. Questi specchi aiutano gli scienziati a misurare esattamente quanto sia lontana la Luna, con una precisione incredibile. È un po' come avere un metro a nastro che si estende fino alla Luna!

E non finisce qui: ci sono anche impronte di stivali, che mostrano dove gli astronauti hanno camminato. Poiché non c'è vento o acqua sulla Luna per cancellare queste impronte, potrebbero rimanere lì per milioni di anni. È come se gli astronauti avessero lasciato una firma permanente del loro viaggio!

Infine, ci sono persino un paio di stivali lunari, attrezzi e persino una macchina fotografica. Gli astronauti hanno dovuto lasciare dietro di loro queste cose per fare spazio a campioni di rocce lunari che volevano portare indietro sulla Terra.

81. SIAMO DAVVERO SOLI NELL'UNIVERSO?

Ti sei mai chiesto se ci sono altri esseri viventi là fuori, nello spazio infinito? La domanda "Siamo davvero soli nell'universo?" è una delle più grandi curiosità che abbiamo come esseri umani, e gli scienziati cercano di rispondere esplorando l'universo in modi sempre più avanzati.

Il nostro universo è incredibilmente vasto, con miliardi di galassie, ognuna contenente miliardi di stelle, e molte di queste stelle hanno pianeti che orbitano attorno a loro, proprio come la Terra orbita attorno al Sole. Alcuni di questi pianeti si trovano nella "zona abitabile" della loro stella, il che significa che non sono né troppo caldi né troppo freddi, quindi potrebbero avere acqua liquida, un ingrediente chiave per la vita come la conosciamo.

Gli scienziati usano grandi telescopi per cercare segni di vita su altri pianeti, esaminando l'atmosfera dei pianeti distanti per cercare indizi come ossigeno o metano che potrebbero suggerire che qualcosa sta vivendo lì. Anche se non abbiamo ancora trovato prove dirette di vita extraterrestre, la ricerca continua e la possibilità di scoprire vita al di fuori della Terra è emozionante.

Inoltre, programmi come SETI (Search for Extraterrestrial Intelligence) ascoltano i segnali dallo spazio, sperando di catturare un messaggio da civiltà aliene. Anche se finora non abbiamo ricevuto alcun messaggio chiaro, l'idea che potremmo un giorno fare contatto con altre forme di vita intelligente continua a ispirarci.

Anche se al momento non possiamo dire di sicuro se siamo soli nell'universo o meno, l'immensità dello spazio e la continua ricerca degli scienziati ci danno speranza che un giorno potremmo scoprire che abbiamo vicini cosmici. E questa ricerca ci ricorda quanto sia grande e pieno di misteri l'universo che ci circonda.

82. IL PRIMO AVVISTAMENTO UFO

Hai mai guardato il cielo e hai visto qualcosa che non riuscivi a spiegare? Una luce misteriosa o un oggetto che vola in modo strano? Le persone hanno visto oggetti volanti non identificati, o UFO, per molti anni. Ma ti sei mai chiesto quale sia stato il primo UFO mai avvistato?

La storia del primo UFO registrato risale a tanto tempo fa, nel 1947, quando un pilota di nome Kenneth Arnold stava volando vicino al Monte Rainier, nello stato di Washington, negli Stati Uniti. Durante il suo volo, Arnold vide una serie di nove oggetti luminosi che si muovevano nel cielo a una velocità incredibile, molto più velocemente di qualsiasi aereo conosciuto all'epoca. Descrisse gli oggetti come piatti e lucidi, quasi come dei dischi che saltavano sull'acqua.

La storia di Arnold fece il giro del mondo e le persone iniziarono a parlare di "dischi volanti", un termine che divenne popolare per descrivere gli UFO. Dopo il suo avvistamento, altre persone iniziarono a segnalare di aver visto oggetti simili nel cielo, e da allora, il mistero degli UFO ha catturato l'immaginazione di molte persone in tutto il mondo.

Anche se ci sono state molte spiegazioni proposte per quello che Arnold potrebbe aver visto quel giorno, da aerei segreti a fenomeni naturali, la verità non è mai stata completamente scoperta. Questo avvistamento è importante perché ha aperto la porta a un mondo di misteri e possibilità, portandoci a chiederci cosa ci possa essere là fuori, nel vasto universo.

83. SCONTRO TRA DUE STELLE DI NEUTRONI

Immagina due stelle super potenti, non come il nostro Sole, ma molto più dense e pesanti, chiamate stelle di neutroni. Queste stelle sono così strane che un cucchiaino del loro materiale peserebbe quanto una montagna! Ora, cosa succede se queste due incredibili stelle si avvicinano tanto da fondersi insieme? È un evento cosmico spettacolare che gli scienziati hanno studiato e sognato di osservare per anni.

Quando due stelle di neutroni iniziano a girare l'una intorno all'altra, si avvicinano sempre di più perché perdono energia sotto forma di onde gravitazionali, che sono come le onde create quando lanci un sasso in uno stagno, ma queste onde sono nello spazio-tempo stesso. Man mano che le stelle si avvicinano, girano più velocemente, quasi come una coppia di ballerini che gira insieme in un ballo frenetico.

Alla fine, queste due stelle si scontrano in

un'esplosione cosmica chiamata kilonova, che è così brillante da illuminare l'universo. Questa fusione rilascia una quantità enorme di energia e spara nello spazio elementi pesanti come l'oro e il platino. Sì, hai capito bene: gli scontri tra stelle di neutroni sono una delle ragioni per cui abbiamo metalli preziosi qui sulla Terra!

Questo evento spettacolare non solo crea nuovi elementi, ma emette anche onde gravitazionali potenti che gli scienziati possono rilevare qui sulla Terra, dandoci indizi su come è fatto l'universo.

Quindi, la fusione di due stelle di neutroni non è solo uno degli spettacoli pirotecnici più incredibili dell'universo, ma ci aiuta anche a comprendere meglio il mondo intorno a noi, dal più piccolo atomo ai vasti spazi cosmici. E pensare che tutto questo inizia con due stelle che si trovano e decidono di diventare una sola!

84. DA CHE COSA DIPENDONO LE STAGIONI SULLA TERRA

Hai mai notato come le giornate diventano più calde in estate e più fredde in inverno? O come in autunno le foglie cambiano colore e in primavera i fiori sbocciano ovunque? Tutto questo meraviglioso cambiamento che vediamo intorno a noi è causato dalle stagioni. Ma ti sei mai chiesto da cosa dipendono le stagioni sulla Terra?

Le stagioni sono create dalla maniera in cui la Terra si inclina e si muove intorno al Sole. La Terra non sta dritta come un soldatino; invece, è un po' inclinata su un lato. Questa inclinazione è molto speciale perché determina quale parte del nostro pianeta riceve più luce solare in momenti diversi dell'anno.

Quando la Terra viaggia intorno al Sole, a volte l'emisfero nord (la parte di sopra del pianeta) è inclinato verso il Sole. Questo significa che riceve più luce solare e quindi diventa più caldo. È quello che chiamiamo estate nell'emisfero nord. Allo stesso tempo, l'emisfero sud (la parte di sotto) è inclinato lontano dal Sole, riceve meno luce solare e quindi è inverno lì.

Poi, mentre la Terra continua il suo viaggio, arriva un momento in cui entrambi gli emisferi ricevono la stessa quantità di luce solare. Questi momenti sono chiamati equinozi, e segnano l'inizio della primavera e dell'autunno.

Le stagioni cambiano anche per via della distanza della Terra dal Sole, ma l'inclinazione è la ragione principale per cui abbiamo stagioni così diverse. È come se la Terra avesse un modo tutto suo di danzare intorno al Sole, portando cambiamenti meravigliosi nella natura e nel clima.

La prossima volta che ti godi una calda giornata di sole in spiaggia o fai una battaglia di palle di neve, ricorda che tutto ciò è possibile grazie alla speciale inclinazione della Terra e al suo viaggio intorno al Sole. Le stagioni sono un regalo incredibile che ci permette di vedere e sperimentare il mondo in modi sempre nuovi!

85. IL BUCO NERO TON 618

La nello spazio profondo, esiste un gigante silenzioso, uno dei buchi neri più grandi e potenti conosciuti: TON 618. Questo buco nero è così grande che supera l'immaginazione di chiunque!

TON 618 è come un mostro cosmico che si nasconde nel buio dello spazio, lontano, in una galassia molto, molto distante da noi. Ma non preoccuparti, è così lontano che non possiamo essere risucchiati al suo interno. TON 618 ha una massa incredibile, pari a 66 miliardi di volte quella del nostro Sole. Immagina 66 miliardi di Soli tutti insieme, e avrai un'idea di quanto sia massiccio!

I buchi neri come TON 618 sono oggetti misteriosi che non lasciano sfuggire nulla, nemmeno la luce, ed è per questo che non possiamo vederli direttamente. Gli scienziati scoprono questi giganti cosmici osservando come influenzano le stelle e il gas intorno a loro.

TON 618 è così potente che, se potessimo avvicinarci (ma ricorda, è solo un viaggio immaginario!), vedremmo le stelle e il gas spiraleggiare verso di esso come l'acqua che viene risucchiata in uno scarico. Questo materiale, riscaldandosi fino a diventare incredibilmente caldo, emette una luce così brillante che possiamo rilevarla da qui, dalla Terra, anche se TON 618 è a miliardi di anni luce di distanza.

86. I DIVERSI COLORI DELLE COMETE

Hai mai guardato il cielo notturno e visto una cometa, con la sua coda scintillante che attraversa le stelle? Le comete sono come visitatori cosmici che ogni tanto fanno capolino nel nostro sistema solare, e una delle cose più affascinanti di queste è che possono avere colori diversi! Ma ti sei mai chiesto perché?

Le comete sono fatte di ghiaccio, polvere e gas. Quando una cometa si avvicina al Sole nel suo viaggio attraverso lo spazio, il calore del Sole inizia a sciogliere il ghiaccio, trasformandolo in gas e liberando la polvere. Questo processo crea una bellissima coda che può brillare di diversi colori.

Il segreto dietro i colori delle comete è nelle sostanze chimiche che si trovano nel ghiaccio della cometa. Diversi gas si illuminano di colori diversi quando sono riscaldati dal Sole. Per esempio, il vapore d'acqua può creare una luce biancastra, mentre il monossido di carbonio brilla di un azzurro chiaro. Anche la polvere che viene liberata insieme al gas contribuisce al colore, riflettendo la luce del Sole.

E poi c'è la coda della cometa, che può apparire di colori diversi a seconda dei materiali che la compongono. Le code fatte principalmente di gas tendono a essere blu a causa del modo in cui le particelle di gas interagiscono con la luce solare. Le code di polvere, d'altra parte, possono avere un colore più giallo o bianco, riflettendo direttamente la luce del Sole.

87. LANIAKEA

Se tu potessi vedere l'univeso da molto lontano, viaggiando oltre le stelle, e scoprire che la nostra galassia, la Via Lattea, fa parte di qualcosa di molto più grande? Questo "qualcosa" si chiama Laniakea, che in hawaiano significa "cielo immenso", ed è il nome dato al superammasso di galassie che include la nostra galassia e molte, molte altre.

Laniakea è come una gigantesca città cosmica, che contiene più di 100.000 galassie! Ognuna di queste galassie è un insieme di stelle, pianeti e altri oggetti spaziali, proprio come la nostra Via Lattea. E proprio come in una città sulla Terra, dove le case e le strade sono collegate tra loro, anche le galassie in Laniakea sono tenute insieme dalla gravità, che agisce come una forza invisibile che mantiene tutto unito.

Il centro di Laniakea è una zona con una

grande concentrazione di galassie, un po' come il centro cittadino, dove ci sono molti edifici vicini. Questo centro è noto come il Grande Attrattore, perché la sua enorme gravità attrae a sé le galassie del superammasso, incluse la nostra Via Lattea e i suoi vicini cosmici.

Viaggiare attraverso Laniakea sarebbe un'avventura incredibile, poiché è così vasto che ci vorrebbero milioni di anni luce solo per attraversarlo. Immagina di passare accanto a galassie di ogni forma e dimensione, ognuna con i propri segreti e meraviglie da scoprire.

Laniakea ci mostra quanto sia grande e affascinante l'universo. Anche se viviamo in un angolo remoto di una delle tante galassie, facciamo parte di una comunità cosmica molto più grande, un ricordo che ci sono sempre nuove avventure e scoperte che ci attendono oltre le stelle.

88. UN SOL SU MARTE

Facciamo un viaggio speciale, andiamo su Marte, il Pianeta Rosso. Ma c'è una cosa curiosa che dovresti sapere prima di partire: su Marte, un giorno non si chiama "giorno", ma "sol". Sì, hai capito bene, "sol"!

Un sol è un po' più lungo di un giorno sulla Terra. Mentre sulla Terra un giorno dura 24 ore, un sol su Marte dura circa 24 ore e 39 minuti. Questo significa che se vivessi su Marte, avresti un po' più di tempo ogni giorno per esplorare, giocare o semplicemente rilassarti guardando il cielo rosso.

Ma perché chiamarlo sol? Gli scienziati hanno deciso di usare un termine diverso per evitare confusione. Quando stanno lavorando su missioni marziane, come i rover che esplorano la superficie del pianeta, è importante sapere se stanno parlando del tempo sulla Terra o del tempo su Marte. Usando "sol" per riferirsi ai giorni marziani, è molto più facile tenere traccia delle attività e delle pianificazioni.

Immagina di svegliarti su Marte, sapendo che ogni sol è una nuova avventura che ti aspetta. Forse andresti a esplorare i giganteschi canyon, ammirare i tramonti blu o cercare tracce di acqua antica. E alla fine di ogni sol, potresti scrivere nel tuo diario marziano tutte le scoperte e le meraviglie che hai visto.

Ricorda, anche se un sol è solo un po' più lungo di un giorno terrestre, su Marte ogni momento sarebbe un'esperienza unica e incredibile, piena di nuove scoperte e avventure. Quindi, se un giorno diventerai un esploratore del Pianeta Rosso, preparati a vivere ogni sol al massimo!

89. ORTODROMIA E ROTTE DEGLI AEREI

Hai mai guardato una mappa e ti sei chiesto

perché gli aerei non seguono sempre una linea retta da un punto all'altro? Potresti pensare che il percorso più breve tra due luoghi sia una linea dritta, ma quando si tratta di volare intorno alla nostra grande e rotonda Terra, le cose funzionano un po' diversamente. Qui entra in gioco qualcosa di molto speciale chiamato "ortodromia".

L'ortodromia è il percorso più breve tra due punti sulla superficie della Terra. Ma invece di essere una linea retta su una mappa, è più come un arco. Questo perché la Terra è una sfera, e l'arco segue la curvatura della Terra. I piloti usano questi archi, chiamati anche "grandi cerchi", per pianificare le rotte degli aerei in modo che il viaggio sia il più veloce e efficiente possibile.

Immagina di tenere in mano un mappamondo e di tendere una corda tra due punti. La corda non si stende in linea retta, ma si curva leggermente seguendo la forma del mappamondo. Questo è simile a come gli aerei volano seguendo l'ortodromia.

Usare l'ortodromia come rotta consente agli aerei di risparmiare tempo e carburante, il che è molto importante per fare in modo che i viaggi siano più veloci e meno costosi. Questo significa anche che a volte gli aerei volano su percorsi che possono sembrare un po' strani su una mappa piatta, come curvare verso nord per andare da un luogo all'altro nell'emisfero sud, ma in realtà stanno prendendo la via più rapida.

90. LA MISSIONE "DART" IN DIFESA DELLA TERRA

Sarebbe possibile deviare un'asteroide in caso di pericolo? La NASA ha avviato una missione che sembra proprio uscita da un film di supereroi, chiamata DART, che sta per Double Asteroid Redirection Test (Test di Deviazione di un Doppio Asteroide). Questa missione è come un allenamento per difendere il nostro pianeta se un giorno un asteroide dovesse dirigersi verso di noi.

La missione DART ha un obiettivo molto specifico: dimostrare che possiamo cambiare la traiettoria di un asteroide nello spazio. Pensa a DART come a un piccolo veicolo spaziale, o una sonda, lanciata nello spazio con una missione importantissima. La sua destinazione è un asteroide che fa parte di un sistema binario di asteroidi, chiamato Didymos, che significa "gemello" in greco, perché è composto da due corpi: un asteroide più grande e uno più piccolo che gli orbita attorno.

Il piano è che DART si schianti deliberatamente contro l'asteroide più piccolo per vedere se può modificarne leggermente la traiettoria. Anche se il cambiamento sarà minimo, sarà sufficiente per dimostrare che questa tecnica potrebbe funzionare per deviare un asteroide pericoloso in futuro. È come giocare a biliardo con le rocce spaziali, cercando di colpire la palla (o in questo caso, l'asteroide) nella giusta direzione.

Anche se la missione suona come un'esplosiva avventura spaziale, è davvero un importante passo avanti nella nostra capacità di proteggere la Terra. Gli scienziati e gli ingegneri di tutto il mondo osserveranno attentamente per imparare tutto ciò che possono da questa missione.

91. LA NEBULOSA TARANTOLA

Se tu fossi un esploratore dell'universo, viaggiando attraverso lo spazio profondo alla scoperta di meraviglie cosmiche, una delle viste più spettacolari che potresti incontrare nel tuo viaggio è la Nebulosa Tarantola. Questa nebulosa non è un ragno spaziale, ma una gigantesca nube di gas e polvere che brilla di colori vivaci, creando uno spettacolo di luci come nessun altro nel cielo notturno.

La Nebulosa Tarantola si trova in una galassia vicina chiamata la Grande Nube di Magellano, abbastanza lontano dalla Terra, ma attraverso un potente telescopio, possiamo ammirare la sua bellezza. È chiamata Tarantola perché, se guardi la nebulosa attraverso un telescopio, vedrai filamenti di gas che si estendono come le zampe di un ragno.

Questa nebulosa è un vero e proprio laboratorio cosmico, dove stelle nascono e muoiono. Al centro della Nebulosa Tarantola, ci sono stelle giovani e massicce, molte volte più grandi del nostro Sole. Queste stelle sono così luminose e calde che fanno brillare la nebulosa intorno a loro, illuminando il gas e la polvere con una luce spettacolare.

La Nebulosa Tarantola è anche una delle regioni di formazione stellare più attive che conosciamo. Questo significa che all'interno di questa nebulosa, nuove stelle continuano a nascere da nubi di gas e polvere. È come se la nebulosa fosse una nursery per stelle, dove possono iniziare la loro lunga vita nell'universo.

Esplorare la Nebulosa Tarantola ci aiuta a capire meglio come si formano le stelle e come le galassie cambiano nel tempo. Anche se potrebbe sembrare solo un bellissimo spettacolo di luci da lontano, ogni piccola luce all'interno della nebulosa ha la sua storia, raccontando il ciclo di vita delle stelle nell'universo.

92. CHE COS'È UNA SINGOLARITÀ?

Prova ad immaginare una nave spaziale come nel film Interstellar, che ti permetta di esplorare i segreti più profondi dell'universo. Mentre viaggi attraverso spazio e tempo, incontri qualcosa di incredibilmente misterioso e potente, chiamato "singolarità". Ma che cosa è esattamente una singolarità in termini astronomici?

Bene, una singolarità è un punto nello spazio dove le regole normali dell'universo, come le conosciamo, smettono di funzionare. È come se l'universo avesse un segreto nascosto in un punto così piccolo che non possiamo nemmeno vederlo, ma con un potere immenso.

Le singolarità sono spesso associate ai buchi neri, quei misteriosi oggetti cosmici che hanno una gravità così forte che nulla, nemmeno la luce, può sfuggire una volta entrato. Al centro di un buco nero, la gravità diventa così intensa che si pensa porti a una singolarità. In questo punto, si ritiene che la materia sia compressa in uno spazio infinitamente piccolo, e la gravità sia così forte che le leggi della fisica, come le conosciamo, non possono descrivere cosa succede.

È difficile immaginare qualcosa di così straordinario, perché va oltre tutto ciò che sperimentiamo nella vita di tutti i giorni. Le singolarità ci ricordano che l'universo è pieno di meraviglie e misteri che stiamo solo iniziando a scoprire.

93. l'IPERSPAZIO

Hai mai sognato di viaggiare tra le stelle più velocemente della luce, visitando pianeti lontani in un batter d'occhio? Questa idea fantastica ci porta a parlare dell'iperspazio, un concetto che sembra uscire direttamente da un libro di avventure spaziali o da un film di fantascienza!

L'iperspazio è un'idea che gli scienziati e gli scrittori hanno immaginato come un modo per viaggiare attraverso l'universo superando i limiti della velocità della luce. Nella vita reale, secondo le leggi della fisica, nulla può muoversi più velocemente della luce. Ma nell'iperspazio, le regole sono diverse, e viaggiare da una parte all'altra dell'universo potrebbe essere possibile in meno tempo di quanto ci vuole per dire "iperspazio"!

Pensa all'iperspazio come a un tunnel segreto o a un ponte che collega due punti lontani nello spazio. Invece di viaggiare lungo la strada normale dello spazio, che può essere lunga e lenta, potresti prendere una scorciatoia attraverso l'iperspazio e arrivare a destinazione molto più rapidamente.

Anche se il concetto di iperspazio è ancora una fantasia e non abbiamo la tecnologia per renderlo reale, ci aiuta a immaginare modi incredibili per esplorare l'universo. Gli scienziati stanno studiando idee simili, come i buchi di verme, che in teoria potrebbero creare passaggi attraverso lo spazio e il tempo.

Quindi, la prossima volta che guardi il cielo notturno, immagina di poter saltare in un'astronave, attivare il motore iperspaziale e avventurarti verso galassie lontane, incontrando nuovi mondi e civiltà. Anche se per ora possiamo solo sognarlo, chi sa cosa ci riserverà il futuro? L'iperspazio ci ricorda che l'esplorazione e la curiosità possono portarci oltre i limiti di ciò che pensiamo sia possibile.

94. LA GALASSIA SOMBRERO

Hai presente il sombrero? quel grande cappello messicano con un largo bordo? Bene, c'è una galassia nello spazio che assomiglia proprio a uno di questi cappelli, ed è chiamata la Galassia Sombrero! Ufficialmente conosciuta come M104, si trova a circa 28 milioni di anni luce di distanza dalla Terra, nel costellazione della Vergine.

La Galassia Sombrero è speciale per molti motivi. Prima di tutto, è incredibilmente bella. Se potessi vederla attraverso un potente telescopio, noteresti il suo grande bordo luminoso, che è in realtà composto da stelle, gas e polvere. E proprio come il bordo di un sombrero, questo anello si estende tutto intorno alla galassia, facendola sembrare più grande e più impressionante.

Al centro della Galassia Sombrero, c'è un bulbo luminoso, simile alla parte superiore di un sombrero, dove si trova un buco nero supermassiccio. Questo buco nero è incredibilmente potente e ha una massa di centinaia di milioni di volte quella del nostro Sole!

Un'altra cosa interessante della Galassia Sombrero è che ci permette di vedere qualcosa di solito nascosto: il suo disco di polvere. La maggior parte delle galassie ha un disco di polvere, ma non sempre possiamo vederlo. Tuttavia, perché la Galassia Sombrero è inclinata rispetto a noi, possiamo vedere il suo disco scuro di polvere che attraversa il centro, proprio come la fascia su un sombrero.

Gli astronomi studiano la Galassia Sombrero per imparare di più su come si formano e si evolvono le galassie, e su come i buchi neri supermassicci influenzano tutto ciò che li circonda.

95. LA STORIA DI OPPORTUNITY ANCHE DETTO "OPPY"

C'è un piccolo robot coraggioso di nome Opportunity che viaggia lontano, fino al Pianeta Rosso, Marte. Opportunity, o "Oppy" come lo chiamavano affettuosamente gli scienziati, era un rover marziano inviato dalla Terra per esplorare e scoprire i segreti di Marte.

La sua avventura iniziò nel 2004, quando atterrò delicatamente su Marte con una missione molto importante: cercare prove di acqua passata sul pianeta. Gli scienziati ritenevano che trovare acqua su Marte avrebbe potuto dirci se il pianeta avesse mai potuto sostenere la vita.

Con sei ruote robuste, una serie di strumenti scientifici e una coppia di occhi-camere, Opportunity iniziò a esplorare. Immagina Oppy, che solca la superficie polverosa di Marte, scalando colline e analizzando rocce. Ha scoperto segni che un tempo su Marte c'era acqua: ha trovato rocce modellate dall'acqua e minerali che si formano solo in presenza di acqua.

Oppy ha anche inviato a casa, sulla Terra, bellissime fotografie di Marte, mostrandoci il pianeta in modi mai visti prima. Il suo lavoro ha aiutato gli scienziati a capire molto di più su Marte, facendoci sognare il giorno in cui gli umani potranno camminare sulla sua superficie.

La missione di Opportunity doveva durare solo 90 giorni, ma il coraggioso piccolo rover ha esplorato Marte per quasi 15 anni! Ha superato tempeste di sabbia e ha affrontato terreni difficili, continuando a inviare dati fino al 2018.

La storia di Opportunity ci insegna l'importanza della curiosità e della perseveranza. Come un vero esploratore, ha continuato ad andare avanti, aiutandoci a scoprire i misteri di un altro mondo. E anche se la sua missione è finita, il coraggio di Oppy continuerà a ispirarci per le future esplorazioni dello spazio.

96. E POI C'È TITANO

Oltre gli anelli scintillanti di Saturno c'è una luna misteriosa chiamata Titano. Titano non è una luna qualunque; è un mondo pieno di segreti e meraviglie, il secondo satellite naturale più grande del nostro Sistema Solare, subito dopo Ganimede di Giove, e l'unico posto, oltre alla Terra, dove c'è liquido in superficie.

Ma su Titano, il liquido non è acqua; sono laghi e fiumi di idrocarburi liquidi, come metano ed etano. Immagina fiumi e mari non di acqua, ma di gas naturale liquido! La superficie di Titano è fredda, con temperature vicino ai -180 gradi Celsius, il che permette a questi idrocarburi di rimanere liquidi.

Titano è avvolto in una spessa atmosfera arancione, più densa di quella della Terra. Questa atmosfera nasconde i suoi segreti alla vista, rendendolo ancora più misterioso. Ma grazie alle missioni spaziali come la sonda Cassini e il lander Huygens, abbiamo iniziato a svelare alcuni dei misteri di Titano. Hanno scoperto montagne di ghiaccio, dune di sabbia scura formate da grani organici e persino indizi che sotto la superficie potrebbe esserci acqua liquida.

La possibilità di acqua liquida sotto la superficie e la presenza di composti organici rendono Titano un luogo eccitante per la ricerca di vita oltre la Terra. Gli scienziati sognano di inviare future missioni per esplorare più da vicino, forse persino un sottomarino nei suoi mari di metano!

97. LA FOTOGRAFIA SCATTATA AD UN ATOMO

Pensa come sarebbe avere una lente d'ingrandimento così potente da poter vedere le cose più piccole dell'universo, cose che nessuno ha mai visto prima d'ora. Ora, immagina di poter usare quella lente per guardare così da vicino da poter vedere un singolo atomo! Gli atomi sono le piccolissime particelle da cui è fatto tutto intorno a noi, ma sono così piccoli che nessuno può vederli a occhio nudo. Tuttavia, gli scienziati hanno trovato un modo per "fotografare" un atomo, e questa è una storia davvero affascinante.

Per fare una foto a un atomo, gli scienziati non hanno usato una fotocamera normale, ma uno strumento speciale chiamato microscopio a effetto tunnel. Questo microscopio non guarda le cose con la luce, come fanno i nostri occhi o le fotocamere. Invece, "sente" gli atomi usando una punta molto affilata che si muove vicino alla superficie di un oggetto.

La foto di cui parliamo è stata scattata a un atomo di stronzio, un tipo di metallo. Nella foto, l'atomo appare come una piccola sfera luminosa che sembra galleggiare nello spazio. Questa sfera è circondata da un bagliore, quasi come se l'atomo fosse una piccola stella che brilla nella notte.

Catturare un'immagine di un singolo atomo è un enorme successo perché ci mostra quanto siamo arrivati lontani nella comprensione dell'universo a livello microscopico. Questa foto non solo è incredibilmente affascinante da vedere, ma ci aiuta anche a capire meglio come funziona il mondo a un livello che non possiamo vedere a occhio nudo.

La prossima volta che guardi qualcosa, ricorda che è fatto di miliardi di questi piccoli atomi, e che gli scienziati hanno persino trovato un modo per fare una foto a uno di loro. È un promemoria di quanto sia incredibile il mondo intorno a noi, fino al più piccolo atomo!

98. PERCHÈ ESISTONO I PIANETI ROCCIOSI E QUELLI GASSOSI

Perché alcuni pianeti come la Terra sono rocciosi, mentre altri come Giove sono giganti gassosi? Beh, la risposta è un viaggio affascinante nel passato, quando il nostro sistema solare stava appena iniziando a formarsi.

Circa 4,6 miliardi di anni fa, il nostro sistema solare era solo una nube gigante di gas e polvere. Questa nube, chiamata nebulosa solare, ha iniziato a collassare su se stessa a causa della sua gravità, creando un disco rotante. Al centro di questo disco si è formato il Sole, la nostra stella, che ha iniziato a brillare caldo e luminoso.

Più lontano dal Sole, nel disco più freddo, iniziarono a formarsi i pianeti. Ma perché alcuni di questi pianeti sono rocciosi e altri gassosi? Tutto dipende dalla loro posizione nel disco e da quanto erano caldi o freddi.

I pianeti rocciosi, come la Terra, Marte, Venere e Mercurio, si formarono vicino al Sole, dove era troppo caldo perché gas come l'idrogeno e l'elio rimanessero attorno. Invece, si formarono da materiali solidi come rocce e metalli che potevano resistere al calore.

Più lontano dal Sole, dove era più freddo, si formarono i pianeti gassosi come Giove, Saturno, Urano e Nettuno. Qui, era abbastanza freddo da permettere ai gas di raccogliersi attorno a un nucleo solido, formando enormi pianeti avvolti in spesse atmosfere di idrogeno ed elio.

Quindi, i pianeti rocciosi e i pianeti gassosi si formarono per via delle diverse condizioni di temperatura nel nostro giovane sistema solare. È come se ogni pianeta avesse la sua "ricetta" speciale a seconda di dove si trovava nella nebulosa solare.

99. COME SAREBBE ATTERRARE SU GIOVE

Giove è un pianeta completamente diverso da qualsiasi altro posto che potresti aver visitato prima, nelle pagine di questo libro, e con l'immaginazione si intende.

Prima di tutto, Giove è un gigante gassoso, il che significa che non ha una superficie solida su cui poter atterrare come sulla Terra o sulla Luna. Se provassimo ad "atterrare" su Giove, ci troveremmo a immergerci in una spessa atmosfera di gas colorati che diventano sempre più densi e caldi man mano che scendiamo.

Mentre ci avviciniamo, vedremo enormi tempeste che fanno impallidire qualsiasi uragano terrestre. Una di queste, la Grande Macchia Rossa, è così grande che potrebbe inglobare più di due Terre! Questa tempesta gigantesca turbinerebbe di fronte a noi con venti che soffiano a una velocità incredibile.

Guardando fuori dalla finestra della nostra nave spaziale, saremmo circondati da strati su strati di nuvole colorate, che vanno dal bianco al rosso, al marrone e al giallo, tutte create da sostanze chimiche diverse nell'atmosfera di Giove.

Ma ecco la parte più difficile: man mano che ci immergiamo più in profondità nell'atmosfera di Giove, la pressione diventerebbe così intensa che sarebbe come essere schiacciati sotto un'enorme pressa. Anche la temperatura aumenterebbe drasticamente, rendendo l'ambiente estremamente ostile per noi o per qualsiasi nave spaziale.

In breve, atterrare su Giove non sarebbe come atterrare su un pianeta roccioso. Sarebbe un viaggio straordinario attraverso strati su strati di gas e tempeste, un'esperienza che ci ricorda la potenza e la maestosità dei giganti gassosi del nostro sistema solare. E anche se non possiamo davvero atterrare su Giove, possiamo sicuramente sognare e immaginare le incredibili viste e avventure che ci aspetterebbero in un tale viaggio!

100. MA COME È FATTO IL SOLE?

E soprattutto di cosa è fatto il Sole? come fa a brillare così tanto? Andiamo a scoprirlo insieme!

Il Sole è come una gigantesca fabbrica di energia

che lavora senza sosta. È fatto principalmente di due gas: idrogeno ed elio. L'idrogeno, il gas più leggero e più abbondante nell'universo, costituisce circa il 75% del Sole, mentre l'elio, il secondo gas più leggero, ne costituisce circa il 25%.

All'interno del Sole, in un luogo chiamato nucleo, avviene qualcosa di veramente magico, chiamato fusione nucleare. Questo processo trasforma l'idrogeno in elio, e durante questa trasformazione viene rilasciata una quantità enorme di energia. Questa energia si muove verso l'esterno del Sole, riscaldandolo e illuminandolo fino a quando non raggiunge noi sulla Terra sotto forma di luce e calore.

Il Sole ha diverse parti: il nucleo al centro, poi la zona radiativa, dove l'energia si muove lentamente verso l'esterno, e la zona convettiva, dove l'energia si muove più rapidamente. Infine, c'è la fotosfera, che è la parte del Sole che possiamo vedere, e sopra di essa ci sono la cromosfera e la corona, visibili durante le eclissi solari come un bagliore spettacolare.

Nonostante il Sole ci sembri calmo e immutabile, è in realtà un luogo pieno di tempeste giganti, esplosioni chiamate eruzioni solari e venti solari che soffiano nello spazio. Tutta questa attività del Sole ha un impatto anche sulla Terra, influenzando il clima e le comunicazioni.

101. "IO" E LE ERUZIONI VULCANICHE PIÙ POTENTI DELLO SPAZIO

Andiamo su Io, una delle lune di Giove. Io non è una luna qualunque; è il posto più vulcanico di tutto il sistema solare! E se ti stai chiedendo cosa rende Io così speciale, sono proprio le sue incredibili eruzioni vulcaniche.

Io è ricoperta da centinaia di vulcani attivi, e alcuni di questi possono sparare getti di lava e gas fino a 500 chilometri nello spazio! Immagina di vedere un vulcano che erutta un fiume di lava brillante che si alza così in alto da superare le montagne più alte della Terra. Sarebbe uno spettacolo davvero mozzafiato, vero?

Ma perché su Io ci sono così tanti vulcani? Tutto dipende dalla sua posizione vicino a Giove, un gigante gassoso con una gravità fortissima. Io è costantemente tirata e spinta da Giove e dalle altre lune vicine. Questa continua "tirata della corda" fa sì che l'interno di Io si riscaldi a causa dell'attrito, fondendo le rocce e creando magma che alimenta i vulcani.

Queste eruzioni non solo sono spettacolari da vedere, ma aiutano gli scienziati a capire di più su come funzionano i vulcani, non solo su Io, ma in tutto il sistema solare. Le eruzioni rilasciano anche nello spazio nuvole di gas che formano un'enorme atmosfera intorno a Io, che può interagire con il campo magnetico di Giove, creando aurore brillanti.

Se potessi visitare Io, vedresti un mondo in costante cambiamento, con vulcani che eruttano in un balletto di fuoco e luce, un vero e proprio laboratorio naturale di geologia planetaria. Non è affascinante pensare che esista un posto così selvaggio e meraviglioso nel nostro sistema solare?

CONCLUSIONE

Cari giovani esploratori dell'infinito cosmo,

Siamo giunti alla fine di questo straordinario viaggio tra le stelle, i pianeti e i misteri dell'universo. Questo libro è stato il nostro razzo spaziale personale, guidato dalla curiosità e alimentato dall'immaginazione, che ci ha permesso di esplorare gli angoli più remoti dello spazio, scoprendo insieme meraviglie che vanno oltre ogni immaginazione.

Vorrei esprimere il mio più profondo ringraziamento a voi, giovani lettori, per aver intrapreso questo viaggio con me. La vostra sete di conoscenza e il vostro entusiasmo per l'esplorazione sono la vera forza motrice dietro ogni avventura cosmica. Spero che le storie, i fatti e le scoperte contenute in queste pagine vi abbiano ispirato e che continuiate a guardare il cielo notturno con meraviglia e curiosità.

Se avete trovato gioia e ispirazione in questa lettura, vi sarei infinitamente grato se poteste prendervi un momento per condividere la vostra esperienza lasciando una recensione su Amazon. Le vostre parole possono illuminare il cammino per altri giovani astronauti che sono pronti a iniziare la loro avventura nello spazio, aiutandoli a scoprire questo libro che speriamo possa diventare un amato compagno nelle loro esplorazioni.

Le vostre recensioni non solo aiutano a diffondere la magia della scoperta spaziale, ma offrono anche preziosi feedback che sono essenziali per continuare a migliorare e ispirare futuri lettori.

Grazie per aver condiviso con me questa avventura. Continuate a esplorare, a sognare e a guardare sempre oltre l'orizzonte. Chi sa quali meraviglie vi aspettano?

Con gratitudine e ammirazione,

Sheldon Ries

Printed by Amazon Italia Logistica S.r.l.
Torrazza Piemonte (TO), Italy

60043932R00090